智能电网：让电力系统适应新的挑战

The Smart Grid: Adapting the Power System to New Challenges

〔瑞典〕马斯·H.J. 博伦（Math H.J. Bollen） 著

涂春鸣 姜 飞 郭 祺 陈 诚 译

科 学 出 版 社

北 京

图字：01-2020-1646 号

内 容 简 介

本书讲述电力网络所面临的挑战，包括统称为智能电网的新技术、新方法和市场机制。重点阐述新的挑战对电力网络的影响，这些挑战包括可再生能源发电的接入、能源效率、电力市场的引入和进一步开放，以及新的挑战对可靠性和电能质量不断增加的需求，与对电网传输容量不断增长的需要。

本书分别阐述三种完全不同的解决方案：仅涉及电网的解决方案（如高压直流输电和有源配电网），包含电网用户但在电网运营商控制下的解决方案（如对发电装置和限电的要求），以及完全由市场驱动的解决方案（如需求响应）。并概述由新技术所带来挑战的诸多解决方案，其中有些是在其他刊物中反复探讨的，也有已经被摒弃的解决方案。

本书可供政府相关职能部门人员、电力企业管理者、高校研究所科研人员及研究生、本科生参考使用。

图书在版编目（CIP）数据

智能电网：让电力系统适应新的挑战/（瑞典）马斯·H.J. 博伦（Math H.J. Bollen）著；涂春鸣等译.—北京:科学出版社，2021.8
书名原文：The Smart Grid: Adapting the Power System to New Challenges
ISBN 978-7-03-068001-3

Ⅰ.① 智… Ⅱ.① 马… ②涂… Ⅲ. ①智能控制-电网-研究 Ⅳ.①TM76

中国版本图书馆 CIP 数据核字（2021）第 022203 号

责任编辑：吉正霞/责任校对：高 嵘
责任印制：张 伟/封面设计：图阅盛世

科 学 出 版 社 出版
北京东黄城根北街 16 号
邮政编码：100717
http://www.sciencep.com
北京凌奇印刷有限责任公司 印刷
科学出版社发行 各地新华书店经销
*
开本：B5（720×1000）
2021 年 8 月第 一 版 印张：10 1/4
2022 年 9 月第三次印刷 字数：207 000
定价：88.00 元
（如有印装质量问题，我社负责调换）

Part of Synthesis Lectures on Power Electronics
Series Editor: Jerry Hudgins

作者简介

马斯·H.J. 博伦教授分别于1985年和1989年获得埃因霍温理工大学（Eindhoven University of Technology）理学硕士和博士学位。他曾是曼彻斯特理工大学（University of Manchester Institute of Science and Technology, UMIST）的讲师和查尔姆斯理工大学（Chalmers University of Technology, CTH）的电力系统教授。

目前，他是吕勒奥理工大学（Luleå University of Technology）的电力工程教授、瑞典哥德堡STRI实验室的技术总监和瑞典爱斯基摩斯坦的瑞典能源市场监管局（Energy Markets Inspectorate）的技术专家。

他是电力系统领域的杰出专家，发表期刊、会议论文300多篇。

他将电压骤降定义为一个研究领域，近期主要关注2～150 kHz的谐波畸变。他提出了“消纳能力”的概念，并将其作为电网接受新型发电或消费能力的重要衡量标准。他已经出版了三本关于电能质量的专著，分别是*Understanding Power Quality Problems*、*Signal Processing of Power Quality Disturbances*和*Integration of Distributed Generation in The Power System*。

另外，他是国际电气与电子工程师协会会士（IEEE Fellow），曾获国际大电网委员会（CIGRE）技术委员会杰出奖。

序言和致谢

这本书我花了两个月时间撰写完成（2011 年 7 月至 8 月），从电力网络的角度探讨了智能电网（“电网”）。许多关于电力系统的讨论（甚至是与该领域毫不相关的讨论）都是针对智能电网的，尤其是关于哪些属于智能电网，哪些不属于智能电网。在本书中，我将以“智能电网应实现哪些功能”为侧重点来描述智能电网。社会发展的某些方面对智能电网提出了挑战，新技术和新方法则成为解决这些挑战的方案，而最大的难题在于我们必须要过渡到一个可持续的能源系统。本书中特别强调了以上内容。

本书既没有讨论各种新技术和新方法的技术细节，也没有详细阐述社会的发展动态。在这本书中，我尝试把重点放在“智能电网”中的“电网”，在“智能”方面的关注可能会被稍稍省略。但是毫无疑问，将会有很多书籍，甚至更多的论文和技术报告来探讨这些技术细节（实际上已经有很多）。

本书所引用的材料和介绍的思想主要来源于我在能源市场监察局、瑞典哥德堡 STRI 实验室和吕勒奥理工大学工作期间的工作成果。在此，我对这三家机构表示感谢。若内容不准确或者观点有争议，责任完全由我自己承担。

感谢在智能电网的各个方面给我带来启发的各界人士，包括我的同事、项目的参与者、各种会议的演讲者，以及各种出版物的作者。

我要特别感谢 Nicholas Etherden、Sarah Rönnberg 和 Aurora Gill de Castro 对手稿的严格审阅。

马思 · H.J. 博伦

2011 年 9 月

译者序

随着经济的快速发展和人民生活水平的显著提高，能源短缺、环境污染和气候变暖已经成为困扰各个国家的重要问题。近年来，传统电力系统面临诸多新的挑战：可再生能源发电的引入、能源利用效率、电力市场的引入和进一步开放、对可靠性和电能质量不断增加的需求，以及对电网传输容量不断增长的需要。企业界和学术界迫切需要新的理论与技术，用以系统阐述这些挑战的科学问题，并提出完善、可行且便于操作的解决方案。

智能电网建设已经成为能源变革、全球气候变化的重要解决手段。尽管智能电网的定义在全球范围内并未达成一致共识，但是其主要目标是实现电网运行的可靠、经济、高效、环境友好和使用安全。智能电网的作用主要表现在：促进清洁能源开发，减少温室气体排放；优化能源结构，确保能源供应安全；提高能源输送和使用效率，增强电网的安全性、可靠性和灵活性；推动能源领域技术创新，促进制造业和信息通信技术改造升级；实现电网与用户的友好互动，提供更加便捷、优质的供能服务。

2011 年 Morgan & Claypool 出版社出版了瑞典吕勒奥理工大学的马斯 · H.J.博伦教授的新书 *The Smart Grid*：*Adapting the Power System to New Challenges*。书中讲述当前电力网络所面临的新挑战，以及智能电网为解决这些挑战所提出的新技术、新方法和市场机制。本书有以下特点。

（1）概述了由电力系统新技术所带来挑战的诸多解决方案，包括高压直流输电和有源配电网的新问题及其解决方案、电网用户在电网运营商控制下的新问题及其解决方案，以及完全由市场驱动的电力系统新问题及其解决方案。

（2）从经济、技术两个角度，科学而深刻地分析了传统电力系统面临的新挑战，阐述了智能电网能解决传统电网发展中问题的新思路与新方案，实践证明这些均具有更强的可操作性。

（3）介绍了大量的实证案例，理论紧密结合实际，可操作性强；参考文献完备，事例丰富。

综上所述，本书既可作为学习和研究智能电网的教材，也可作为解决工程实际问题的手册，并对有关前沿技术的研究有所启迪。

本书的顺利完成得益于一个志同道合的翻译团队，大家逐字逐句地斟酌，力求用通俗的语言还原作者对智能电网的深刻理解。本书由翻译团队共同完成，涂春鸣翻译第 1 章，郭祺翻译第 2～4 章，姜飞翻译第 5～7 章及其他部分，陈诚参加了整本译稿的校对工作，硕士研究生侯玉超、王文烨同学参与了译稿图表编辑工作。由于译者才疏学浅，书中翻译疏漏之处在所难免，恳请广大读者不吝指正。

在译作付梓之际，译者借此机会对所有参与本书文字排版、校对的诸位编辑同志致以深深的谢意！

译 者

湖南 长沙

目录

第1章 引 言

社会的发展，特别是可持续发展，即将使电网发生翻天覆地的变化。如果不对电网的设计和运作方式进行重大革新，这些变化可能成为社会发展的阻碍。社会的发展为电网带来了新的挑战，使用现有技术并不是总能应对这些挑战，即使技术层面能解决，也亟需更好、更经济的新技术方案。

我们将在本章 1.4 节介绍这些新的挑战，并在 1.5 节介绍全新的解决方案。这些解决方案通常被称为智能电网（smart grid），1.2 节中将对其进行详细解释。但是首先，我们将在 1.1 节介绍电力网络，并在 1.3 节介绍不同的利益相关者（stakeholder）。

1.1 电力网络

电力网络（简称电网）旨在连接电力的消费者和生产者。电网用户（network user）指的是电力的消费者和生产者，以及那些既生产又消耗的产消者（prosumer）。

在经济方面，电网应成为电力市场（electricity market）的推动者。在技术方面，电力系统的主要目标（primary aim）是确保所有电网用户都能获得符合需求的供电可靠性和供电品质，而不会对电力市场的电力潮流产生任何干预。除主要目标外，电网的设计和运作方式也有许多次要目标（secondary aim），如防止过载（overload）、保持足够的运行储备（operational reserves）、防止保护误动。次要目标对于实现主要目标而言非常重要，但它不会直接影响电网用户。例如：为了维持高供电可靠性，电网运营商（network operator）需要维持储备；但是，如果用更少的储备就能换取相同的可靠性，那么就不再需要保留这些储备。类似的示例在本书中将反复提及。

“电网”和“电力网络”、“系统”和“电力系统”所表述的含义有时是一致的，有时则稍有不同。“电力系统”是指电网和所有电气设备与电网用户的结合，它不仅包括从最大的发电机到最小的电动机，还涵盖了电力设备与电网之间的所有电气交互。虽然“电网”仅由电线组成，“系统”还包括与电线连接的设备，但在本书中，“电网”既是“电力网络”的同义词，也是“电力系统”的同义词，这三个术语将作为同义词使用，当然，在需要时也会强调含义上的差异。

1.2 智能电网

在过去的几年中，“智能电网”一词经常出现在技术文献和非技术文献中。在多个技术出版物的数据库中搜索“智能电网”一词，得到与智能电网相关的出版物及其年份的关系如图 1.1 所示。在 2004 年之前，该术语很少被使用；但从 2005 年开始，该术语的使用频率迅速增加。截至 2005 年，“智能电网”一词在 Google 搜索引擎上每年有 5 万至 10 万点击量，2009 年为 200 万点击量，2010 年为近 900 万点击量。

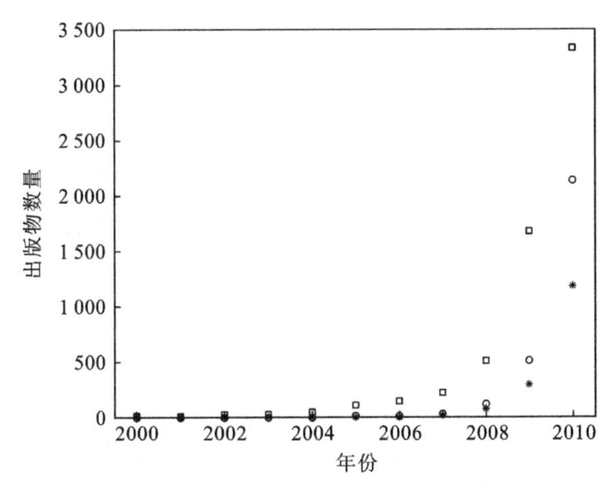

图 1.1 搜索“智能电网”的出版物数量

*：Scopus；○：IEEE Xplore；□：Google Scholar

除智能电网外，其他使用的术语还包括智能网络（intelligent network）、能源互联网（energy internet）和智慧线路（wise wires）。但到目前[①]为止，使用最多的还是智能电网，该术语基本都用来指代未来的电力网络。相比于现有电网，智能电网能够更好地应对新挑战，其原因有两个：一个是智能电网采用最新技术，如通信和电力电子控制；另一个是智能电网中的用户更加积极地参与电网的运行。我们将在 1.4 节介绍这些新挑战，并在 1.5 节对新技术进行概述。有关挑战的详细信息，请参见第 2 章。有关新技术的详细信息，请参见第 3～5 章。

智能电网的定义和描述很多，本书从技术角度给出完全中立的定义：智能电网是专门用于以高性价比的方式解决电力网络遇到的诸多挑战的一系列技术、法规和市场规则。换句话说，智能电网就是用来应对新挑战的新技术。欧洲能源监管机构（European Energy Regulator，EER）和欧洲委员会都是采用的这种定义。

但是，如此定义智能电网并不能满足那些想知道“什么是智能电网”的好奇的工程师或研究人员。他们想知道的是未来究竟会使用哪种新技术、法规和市场规则来应对电网所面临的诸多挑战。

而一些组织和作者给出的智能电网的定义往往仅描述了其中的一项技术。例如：智能电网可以定义为一种以发电、输电、变电、配电、用电为一体的电力系统，它采用双向网络安全的信息通信技术和智能计算技术，以实现清洁、安全、稳定、可靠、适应能力强、高效、可持续运行的目标（Gharavi et al.，2011）。

① 译者注，表示原著出版之前，全书同。

在继续讨论之前，我们应该先弄清楚一些事情。首先，智能电网尚不存在，而且谁也不知道它将会是什么样子；其次，我们有必要认识到，讨论的并不是用新的电网代替现有的电网，电网的某些部分将被全新的东西替换，其他部分以类似的东西替换，而某些部分将保持不变；最后，非智能电网与智能电网之间的转变并不是剧烈的变革。本书稍后将要讨论在50年前就已经开始的一些研究，以及其他一些可能还需要10年才能落地实施的研究①。

之所以对智能电网给出定义时在技术方面选择中立，是因为我们不想提前排除任何技术。技术的选择取决于具体的挑战和复杂的当地情况，一些技术在某个方面可能是智能的，但在其他方面表现得就不一定智能。

在本书的其余部分中，我们将不会过多地提及智能电网，而是对可能成为智能电网一部分的各种方法和技术进行描述。换句话说，就是告诉大家哪些新技术可以应对新挑战。

1.3 利益相关者

电力网络连接着电力的生产者和消费者，电网中不同的生产者和消费者的区别在于其所采用的电压水平不同。输电网络的最高电压水平可高达几百千伏，能够覆盖全国，并将最大的发电站（power station）与主要的用电中心连接起来。配电网络采用的是最低电压水平，最高约30 kV，可将电力输送到最小的用户单元。中间的是次级输电（subtransmission）网络，电压水平约100 kV。大多数发电装置都连接到输电网络或次级输电网络，大多数用电装置都连接到配电网络。一些大型工业用户所连接的电网电压水平较高，一些较小的发电装置所连接的电网电压水平较低。

在一些国家和地区，电网由一家公司或少数几家公司经营；而在另一些国家和地区，电网由数百家大大小小的公司拼凑而成。无论规模大小，这些公司都被称为电网运营商或公用事业公司。公用事业公司不仅拥有一部分电网，而且拥有与之连接的全部或大部分电力生产单位。在许多国家（包括几乎所有欧洲国家），不允许电网运营商只专注于拥有和运营电网，而不区别对待电力生产单位，即使电网运营商不拥有电力生产单位，系统运营商（system operator）也需要与电力生产单位一起维持电网的运行。输电系统运营商同时拥有输电网络，而独立系统运营商（independent system operator）不拥有任何资产。

系统和输配电网络运营商也是电力市场监管最严密的部分。它们形成自然垄

① 原著出版于2011年，本书中的节点时间均基于作者当时做出的评判，全书同。

断，用户无法在不同的电网运营商之间进行选择（除非转移到另一座城镇），因此电网运营商面对的不是开放市场。电网运营商具有在其服务范围内连接消费者和生产者的权利和义务。为了防止电网运营商滥用其垄断地位，连接费和系统使用费由监管机构控制。

电力的传输是在受监管的市场（regulated market）上进行的，而电力的交易是在开放的或不受监管的市场上进行的，示例如图 1.2 所示。电力市场包括批发市场（wholesale market）和零售市场（retail market）。在批发市场上，生产者出售电力，而这些电力主要被电力零售商（power retailer）购买，一些大型消费者也直接在批发市场上购买电力。批发市场通常包括基于对消费和生产预测的日前[①]市场（day-ahead market），以及根据实际的发电量和用电量对价格进行调整的实时市场或平衡市场（balancing market）。批发市场的运作方式将在第 5 章详细介绍。

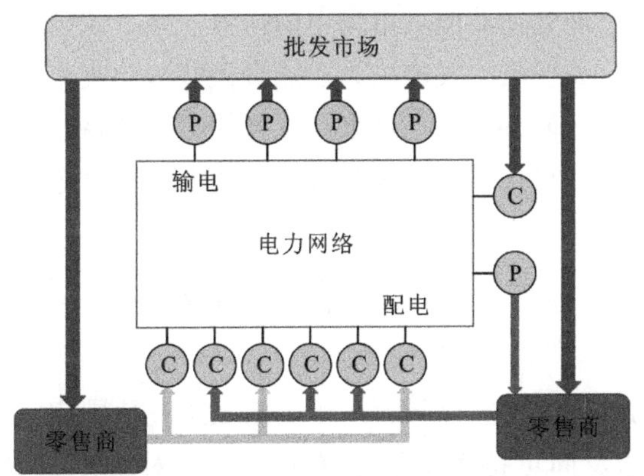

图 1.2 （受监管的）电力网络和（不受监管的）电力市场
P：发电单元；C：消费者

零售商在批发市场上买电，然后在零售市场上卖给消费者。也有一些较小的生产者在零售市场上出售他们生产的电能。在批发市场上，个体参与者进行买卖出价，然后通过一套预先制定的规则获得市场价格。在零售市场上，零售商与消费者之间如果达成了双边交易，他们可以就某个价格水平维持较长时间，有时长达数年之久。允许消费者自由选择和更换零售商可以保证市场的竞争。

批发市场与零售市场之间的一个重要区别是：批发市场的价格会随着时间产生剧烈波动，而零售市场上的消费者看不到这些价格波动。如何在批发市场上让个人消费者承受价格波动是本书要讨论的智能电网解决方案之一。

本书讨论的各种进展成果将导致更多的利益相关者参与其中，这些新的利益

① 译者注，表示原著出版之前，全书同。

相关者主要包括基于可再生能源（renewable energy）的新型发电单元，以及基于中小型热电联产（combined heart and power generation, CHP）的新型发电单元。这些发电单元的工作方式与现有发电单元不同（现有发电单元在本书中被称为常规发电单元），它不仅要把电能注入电网，还要通过辅助服务（ancillary service）（如频率控制（frequency control））以多种其他方式为电网提供支持。而新型电力生产方式的引入使发电单元的辅助服务不再明显，从而使得辅助服务提供商（ancillary-service provider）得以进入市场。在大多数国家和地区，已经存在专门针对频率控制的市场，而辅助服务通常作为发电单元连接协议（connection agreement）的一部分被强制执行。后续将要讨论另一种解决方案，即为更多的辅助服务创造市场，因为由发电单元提供这些服务不再具有最佳的性价比。

预计将来，小型电网用户（消费者、生产者、产消者）将更多地涉足不同的市场，可能是目前市场到辅助服务市场中的任何一个。此外，只有最大的电网用户（大型工业用户、大型风力发电站）才能直接参与此类市场，较小的用户很可能会通过聚合商（aggregator）参与进来。这样的聚合商将扮演与批发市场零售商类似的角色，实际上，它很可能成为具备聚合功能的现有电力零售商。

1.4 挑　　战

电网所面临的挑战因国家而异。对于大多数工业化国家，主要挑战均在于引入开放的电力市场及向可持续能源系统的变革；对于发展中国家（developing country），主要挑战更多在于如何为所有消费者提供电力；而对于经济快速发展的国家，主要挑战可能在于保证电力供应领先于消费增长。甚至不同的工业化国家所面临的挑战也可能千差万别。

1990 年左右开始开放电力市场的少数国家（如智利、菲律宾、英国）就是很好的例子。这种放松管制、私有化或重组（提及所使用的某些术语）创造了电力市场，如图 1.2 所示。从技术角度来看，其主要区别在于发电单元的所有权不再与电网的所有权挂钩。发电单元的调度成为批发市场上招标过程和市场规则的结果，而不是发电单元和电网的共同所有者的调度结果。电力潮流，尤其是在输电网络中的潮流，变得难以预测。现在的电网必须适应电网用户，而不是反其道而行之。这么做的后果将在 2.3 节讨论。

向可持续能源系统的过渡过程中需要更加高效地生产和使用能源，以及更多地使用可再生能源，两者都会对电网产生影响。新型发电单元将以可再生能源为基础，同时也包括热电联产形式。这些发电单元的容量通常小于常规发电单元，因此连接到早期仅有电力消费者接入的一部分电网。但是，即使与输电网络相连接的新型发电单元的容量足够大，它们的工作方式也与常规单元不同。我们将在 2.1 节详细讨论这一部分。能源效率（energy efficiency）可以减少电力消耗，也可以增加电力消耗。消耗更少的电能有时也是一种挑战，因为某些效率更高的设备可能会对电压质量产生负面（negative）影响，更主要的原因在于引入新型电气设备来代替效率较低的非电气设备。虽然电动汽车（electric car）时常被作为典型的案例而提到，但相比之下，加热和烹饪过程中从使用天然气（gas）到使用电力的转变给电网带来的挑战更大，而且这一转变的进程要快得多，我们将在 2.2 节详细讨论。

对于许多发展中国家和经济快速增长的国家，如何保持可靠性和提供足够的传输容量是电网面临的两个老生常谈的问题。一些早期的难题也会对电网产生影响。例如，大量的可再生能源发电将需要更多的传输容量，并且可能影响电压质量（voltage quality）和供电的连续性（continuity of supply)。更多相关信息参见 2.4 节和 2.5 节。

电网在其存在的 100 余年中，不断地迎接着新的挑战。它从小型低压直流电网开始，发展成为具有多种电压水平的超大型交流电网，其可靠性也随之提高，可以使用的能源资源也越来越多；偏远地区的水力发电（hydropower）使得电压水平提高（瑞典为 400 kV，加拿大为 750 kV)，高压直流输电（high voltage direct current，HVDC）得以发展；建设大型核电（nuclear power）站需要解决多项稳定性问题；对可靠性的高要求使得电网在运行过程中需要一次、二次、三次储备。

未来能源的结构难以预测，这将成为一项非常重大的挑战，它可能是最困难的挑战，而且与先前遇到的挑战截然不同。长期来看，太阳能发电将起到重要作用，而核能发电也将拥有广阔的前景。然而，最近核电支持者的数量大大减少，这再次印证了未来能源结构的不可预测性。例如，有文献（Kaku，2011）展望了 2100 年能源供应的样子，还有文献（Abbott，2010；Johnson，2009；Friedmann，2009；Jacobson et al.，2009；MacKay，2009）描绘了短期内未来的能源供应愿景。但是，无论未来的发电形式是什么，有两件事是肯定的：首先，混合能源系统将有长足的发展；其次，二氧化碳排放量（carbon dioxide emission）必须大大降低。

未来能源结构的不可预测性体现在全球层面、国家层面和局部地区层面。发电和用电的变化将非常迅速，这可能导致电网无法适应。搭建新的电力线路可能需要几年时间，铺设电缆会快一些，但也因情况而异。同时，负荷对电能供应的持续性和电压质量的需求也在不断增加。为了应对以上变化，亟须对电网进行重新设计，并提出新的技术来支撑电网运行。这些替代方法被统称为智能电网。我们将在 1.5 节简要介绍一些可能的解决方案，并在第 3～5 章更详细地介绍。

1.5 解决方案

过去，应对电网挑战（如用电量增加）的传统方法是新增线路、变压器等。这些方法无疑是应对挑战非常有效的方法，在过去，通常也是最具性价比的。随着新技术的不断涌现，我们当然也应该考虑这些新技术是否能够以较低的成本取得相同的结果。本书后续部分将详细介绍几种基于新技术的解决方案。其中一些解决方案是对现有方法和技术的自然延续和更新换代，而另一些解决方案则提供了全新的解决思路。我们使用“进化”（evolutionary）来描述延续现存做法，而使用“革命”（revolutionary）来描述全新的解决方案。

在本书中，我们将解决方案分为三类：

（1）仅涉及电网的解决方案；

（2）电网用户参与、但由电网运营商控制的解决方案；

（3）基于市场原则的解决方案——激励电网用户支持电网。

仅涉及电网的解决方案将在第 3 章讨论，如在 3.1 节讨论搭建新的线路等常用解决方案。新的解决方案旨在不搭建新线路或使用比其他方法更少的线路的情况下来提高传输容量。3.2 节将讨论 HVDC、柔性交流输电系统（flexible AC transmission system，FACTS）、动态传输容量（dynamic line rating），以及基于风险的运行风险评估等解决方案。HVDC 和 FACTS 方案是基于先进的电力电子控制技术来实现的，动态传输容量和基于风险的运行风险评估则采用随时间变化的传输容量和运行储备。传输容量和运行储备不再基于一年或一个季节中最坏的天气情况，而是基于小时的实际天气情况。使用 HVDC 和 FACTS 能够增加最坏天气情况下的传输容量，而其他方法则无法做到这一点，不过其他方法允许使用实时的实际可用容量。

近期正在推进的相关解决方案是建立一个大型输电网络，实现远距离的大规模输电。例如，建立电压水平为 750～1 000 kV 的高压直流输电网或交流电网，以实现从美国的东海岸到西海岸或从北欧到南欧之间的电力传输。更多相关信息参见 3.3 节。

在配电层面，很多研究都在探讨其他解决方案，我们将在 3.5 节中讨论其中一些解决方案。与之前相比，这些解决方案采用了大量的通信和自动控制技术。储能是许多智能电网文献中备受关注的话题，它打破了电力不能存储的旧规则。

盈余的电力可以存储起来对电力短缺进行支撑，但值得强调的是，我们讨论的电力存储主要是在电表端，这样能使用户更有效地参与各式各样的电力市场，具体将在 3.4 节进行阐述。

第 4 章将介绍许多新的解决方案，使电网用户能够参与电网的运行，而这些解决方案始终处于电网运营商的控制之下。为了确保新的发电方式能够引入电网，发电单位必须满足新的要求（4.1 节）。配电和输电网络通常有不同的要求，其总的原则是：在引入新的发电方式时，不应更改电网的设计和运行。基于联动跳闸（intertrip）（4.3 节）和限电（curtailment consumption）的替代解决方案能够在不产生巨大成本的前提下让更多的发电设备接入电网。目前，只有在特殊情况下会限电（4.2 节），但在将来，限电可能会更为普遍（4.4 节）。限制发电将允许更多新的发电设备接入电网，而限制耗电则会带来更多新的耗电需求（4.5 节）。

第 5 章介绍的解决方法是将控制权从电网运营商转移到电网用户也能参与的市场。与传统方法相比，该方法有明显的不同。通过限电和联动跳闸，电网用户可以参与市场，但控制权仍属于电网运营商，并且电网运营商随时都能知道运行裕度多寡。这些基于市场的解决方案正在不断发展。需求响应（demand response）（5.3 节）是讨论最多的市场解决方案，它将小时批发市场扩展到个人消费者，并鼓励个人消费者在电力生产不足的情况下减少消费；如果发生严重的电力短缺，电价（electricity price）将会提高。此外，我们还将对平衡市场（5.4 节）、电网市场（network market）（5.5 节）和辅助服务市场（ancillary services market）（5.6 节）进行探讨。

随着限电及小用户参与电力市场机制的引入，电表的用户端将发生改革，如脱离电网运营商或公用事业公司的控制，5.7 节将对此进行具体介绍。

有趣的是，电网面临的许多挑战与电力市场的开放有关。发电机组建设和运转不再受电网运营商或公用事业公司的控制，而是由市场原则驱动。未来几年讨论的重点将是，应对新挑战的解决方法是否应该涉足其他市场，甚至成为电网运营商所拥有的自然垄断权的一部分。

第2章 挑 战

本章将进一步详细探讨向智能电网转变的驱动力，即电网面临的实际挑战，以及开发新技术的原因。首先要讨论的前两个挑战与向可持续能源系统的变革有直接关系，即接入大量可再生能源发电（renewable electricity production）（2.1 节），以及接入大量高能效设备的需要（2.2 节）。此外，电力市场的开放已经给电网带来了一定的影响，而这些影响很可能对电网构成挑战，这些将在 2.3 节讨论。一百多年来，电网始终面临两个无法回避的挑战，即保持可接受的电压质量水平和供电连续性，我们将在 2.4 节对此进行简要介绍。这是电网的两个主要目标之一。而电网的另一个主要目标是发电设备与用户之间的电力传输，更具体地说，就是应对输电高峰所需的传输容量，这部分内容将在 2.5 节讨论。最后，在 2.6 节，将介绍一些传统的和未来的电网性能的量化指标。

2.1 可再生能源发电

将可再生能源发电并入电网是许多电网运营商在配电和输电层面所面临的主要挑战。电网整体或局部采用可再生能源发电量过大，以致危及对电网用户供电的可靠性和质量，这种情况称为超出了电网的消纳能力（hosting capacity）。

关于可再生能源发电对电力系统的影响，已经有很多论述。即使是很少的新发电量，也会产生影响。但是，这种影响并不总是负面的，即使影响是负面的，只要电网的性能保持在可接受的范围内，也不必担心。许多教科书详细介绍了可再生能源发电对电网的不同影响（Bollen and Hassan.，2011；Fox et al.，2007；Ackermann，2005；Dugan et al.，2003；Jenkins et al.，2000）。

2.1.1 接入配电网络

有很大一部分可再生能源发电将接入配电网络。实际上，风能和太阳能发电接入配电网络正是这一趋势的最初体现。“可再生能源发电”和“分布式发电”（distributed generation）通常被当成同义词使用，尤其是当涉及其对配电网络的影响时。在本节中，分布式发电涵盖另一种新兴的小规模发电方式——热电联产（参见 2.2.4 小节）。配电网络的设计过程中通常没有考虑发电单元的存在，但这并不意味着发电单元不能连接到配电网络；相反，适当地将发电单元连接到配电网络可以为部分负载提供电能，从而减少电网的实际负载及电力的损耗，一定程度上提升了电网的性能。但是，当发电量超过一定范围之后，配电网络的性能可能不升反降，如果不采取任何措施，甚至会达到无法接受的程度。

可再生能源发电对配电网络可能造成的不利影响总结如下。

（1）从中压馈线或低压电网注入有功功率会降低线路压降，甚至可能导致过电压（overvoltage）。对于农村电网而言，这种情况尤其明显，因为配电网络的最高电压水平通常已经接近最大允许等级，即使连接少量的风能或太阳能发电，也可能导致不可接受的过电压。这一现象必将对其他电网用户产生影响，如白炽灯（incandescent lamp）的使用寿命显著缩短、由于过压保护引起的太阳能电池板跳闸等。有关配电网络中电压控制的更多详细信息，参见 3.5.2 小节。

（2）分布式发电量的增加使得不受控的（uncontrolled）孤岛运行成为可能。（由于故障或停电检修）断开馈线连接后，连接到该馈线的发电机能为本地供电。但是，我们并不希望这种情况发生，因为这样可能会导致其他电网用户的设备受到损害，并将检修人员置于危险的境地。这种方式也不应该与受控的（controlled）孤岛运行相混淆。受控的孤岛运行通常用于工业或商业（commercial）设施中来提高供电可靠性，它被认为是微电网（microgrid）发展的方向之一（参见 3.5.3 小节和 5.7.7 小节）。

（3）当本地发电量大于最大用电量与最小用电量之和时，电网可能会出现过载。这种情况最有可能发生在用电量低但风力发电量大的农村地区和屋顶太阳能发电量大的郊区。

（4）大量单一类型的发电可能会危及继电保护，并导致误跳闸或保护拒动，进而导致供电中断的概率增加。此外，保护拒动也可能导致系统侧的设备损坏。

（5）在某些情况下，分布式发电可能会导致谐波（harmonic）水平上升，更多相关信息参见 2.4 节。

2.1.2　接入输电网络

一方面，与配电网络相比，可再生能源发电更容易接入输电网络中，因为输电网络是为连接发电单元而构建的。但另一方面，输电系统的运行方式导致其接入过程要复杂得多，这与输电系统的高可靠性要求以及长距离输送大量电能的有关许多技术问题密切相关。

可再生能源发电对输电系统的影响总结如下。输电系统还包括次级输电网络（电压水平至少约为 50 kV）以及输电网络与发电单元之间的连接环节。关于大型风力发电机组接入次级输电系统的研究已经很多，其研究结果同样适用于其他可再生能源。大量分布式发电与大量可再生能源直接接入输电系统带来的影响类似。

（1）将新的发电单元连接到输电系统会导致新的潮流，从而导致过载或运行储备不足（有关运行储备的更多讨论参见 2.5 节）。即使在最坏的情况（可能是最大发电量与最大或最小用电量同时存在）下也需要保留运行储备，这进一步限制了电网的消纳能力。发电类型和位置的不确定性以及建造新输电线路需要大量时间是我们面临的重大挑战。

（2）与（1）密切相关的是，大型可再生能源发电单元（大型风力发电站、新的大型水电装置）通常位于人口较少而输电网络设施较差的地区。

（3）我们已经知道，增加新的发电单元会影响电力系统的稳定性，但我们还不太清楚，未来的发电单元将如何影响稳定性。这样一来，就需要更大的运行裕度来保证运行安全，这进一步限制了潮流以及连接到输电系统的新型发电单元的数量。故障穿越（fault ride through），即在电压或频率急剧下降的大扰动期间发电单元保持并网（并支持电网）的能力，这受到广泛讨论。配电网络运营商要求分布式发电能够在电压和/或频率偏离其标称值过大的情况下断开与电网的连接，这进一步增加了对电力系统稳定性调控的难度。

（4）可再生能源的发电量取决于资源的瞬时可用性，而不是当时的实际用电需求。过去，仅存在两种极端情况会对输电系统进行规划，即用电量最大和用电量最小时，且发电量会随用电量而变化。大量的可再生能源发电，则可能导致四种极端情况，即最小发电量和最小用电量、最小发电量和最大用电量、最大发电量和最小用电量，以及最大发电量和最大用电量。对于覆盖范围较大的输电系统而言，服务地区天气情况的差异会进一步增加极端情况发生的概率。

（5）与传统的发电方式（化石燃料、核能、大型水力发电）相比，可再生能源发电具有更大的可变性和不可预测性。这就需要更大的运行裕度和运行储备来维持相同水平的运行安全性（operational security）。在 2.5 节，我们将进一步阐述运行安全性和维持运行储备的必要性，发电量预测（forecasting）将在 2.1.4 小节展开讨论。

（6）从常规的大型发电站向可再生能源发电和分布式发电的转变，使得在一定时期内连接到电网的常规发电机组数量不足。这些机组为保持输电系统的安全性和稳定性提供辅助服务。我们将在 2.1.3 小节进一步讨论。

（7）大量可再生能源发电还可能需要对基于负载发电（base-load production）的计划进行重新安排（参见 2.2.1 小节）。

可再生能源发电对配电网络和输电网络的影响存在重大的差异。在配电层面，可再生能源发电对电网用户的影响主要体现在供电可靠性和电压质量降低上；但是，在输电层面却并非如此。输电系统运营商（transmission system operator）有责任维持足够的运行储备，并以此来维持高水平的可靠性。为了保持足够的运行储备，运营商可能会阻断电力市场上的某些交易，如重新安排发电计划或限制大型风力发电设施发电。对于电网用户而言，其后果是电价上涨，甚至网络资费（network tariff）上涨，且一定会导致更多发电量来自污染严重的能源资源；而在最坏的情况下，可能会被强制实施轮流停电（rotating interruptions）。传统发电机的短缺不仅意味着长期可靠性下降（参见 2.1.3 小节），还意味着需要更多地使用轮流停电来维持足够的运行储备。

2.1.3 更换传统发电机

大量电能来自可再生能源会减少对传统发电机的需求。可再生能源发电的边际成本为零（由于上网电价及其他支持计划，有时甚至为负），相比之下，火力发电站总存在边际成本。因此，在开放的电力市场上，始终首先选择可再生能源发电，最后选择火力发电。这里有很多复杂的因素需要考虑，如核电设备的启动时间较长、水电设备在电力市场上采取招投标的方式，但这并不影响总体趋势。

用可再生能源发电替代火力发电显然是引入可再生能源的目的，这是一件好事。然而，这种替代将给电力系统的运行带来挑战，其原因是大型发电单元（火力和水力发电）的功能不仅仅局限于产生电能，它们还起到保持电力系统稳定和安全的作用。以现有的技术和运行工具而言，如果没有这些大型发电单元，将无法实现电力系统的稳定运行。大型发电单元为电网提供辅助服务，以下是辅助服务的示例（参见 5.6 节中有关辅助服务市场的讨论）。

（1）运行储备。保留部分发电容量，以应对发电量大量损失、重要输电线路损失或严重预测误差等意料之外的电力短缺。

（2）频率控制。许多大型发电单元都具备电力频率控制功能，而正是这种控制系统维持着电网中发电量与用电量的平衡[一次调频（primary control）]，以及每个控制区域内（通常为输电系统运营商的服务区域）发电量与用电量的平衡[二次调频（secondary control）]，并且把频率保持在 50 Hz 或 60 Hz 的标称值（我们还可以这样认为：控制系统使频率保持恒定，而这种恒定的结果就是发电量与用电量的平衡）。

（3）电压控制。控制系统还可以将整个输电系统的电压幅值保持在其所需值范围之内。电压和无功功率（reactive power）的约束关系与有功功率和频率的约束关系相同，即使有意外情况发生，无功功率的运行储备也能对电压进行控制。

（4）短路容量。短路容量是对输电系统中发生故障时流过的电流大小的度量，这些电流可能非常大，会严重损坏设备。短路容量也是对电网强度及电网应对用电量变化能力的一种度量。短路容量值过低会带来许多不利后果，如保护误动作、故障或组件丢失导致系统运行不稳定的风险、电压质量差。大型常规电站是输电网短路容量的唯一来源，常规发电设备运行得越少，短路容量就越低。

（5）电力系统的稳定性。在大多数情况下，输电系统中大型发电单元越多，系统就越稳定。前面我们已经提到了大型发电单元对电压和频率的控制以及对短路容量的影响。同样，它们对系统的惯性（inertia）也至关重要，能够防止频率或角度不稳定问题的发生。有些大型发电单元还配备了附加控制器，以抑制区域间振荡。

负责系统安全运行的输电系统运营商可以分配对于安全运行至关重要的必要发电量（must-run production）。输电系统运营商还对不同国家之间、不同地区之间或相邻运营商之间的传输容量设置了限制，其具体实施方式及其对市场的影响取决于当地的市场规则（参见5.2节）。但是，总的来说，这将导致市场价格上涨，而且并非所有低排放发电单元都可以进行调度。可靠性从短期来看不会受到影响，但从长期来看就不一定了。

可再生能源发电量的增加使得火力发电量减少，从而导致火力发电单元所有者的收入减少。在某个特定的时间，运行和新建火力发电单元变得毫无意义，这是市场机制中用新的、更有效率的技术替代旧技术的必然结果。然而，可再生能源的发电容量会随时间剧烈波动，尽管装机容量很大，但实际容量有时可能会很小，这个时候，就需要火力发电单元来补充发电。如果这些火力发电单元可能根本无法使用，那么就会导致发电容量不足，从而导致轮流停电。

2.1.4 预测

可再生能源发电容量的多变性经常被认为是一个严重的劣势，但这么理解存在一定的片面性。在配电网层面，多变性不是什么大问题（也有个别例外）；即使在输电网层面，这种问题也主要限于发电单元的长期计划。更重要的是，我们很难预测从几分钟到几天的时间尺度内的发电变化。对于少量的可再生能源发电而言，用电中的预测误差才是主要问题。以上问题可以通过负载响应储备（load following reserve）来解决，而负载响应储备是电力频率控制的一部分，它还可以解决发电中的预测误差问题。

对于大量的可再生能源发电而言，由于可能产生较大的预测误差，需要额外的储备来保证供电可靠性。这里以2009年德国东北部（约300 km×450 km地理区域内）的风力发电中的预测误差为例，发电误差的分布如图2.1所示。2009年最大风力发电量略高于8 000 MW。

超过1 000 MW误差概率约为3%；超过2 000 MW（最大发电量的四分之一）误差概率仍为0.3%，对应一年即26 h。对于运行储备规划而言，不仅要考虑概率分布，还要考虑最坏情况。图2.2（a）所示为预测发电量和实际发电量，图2.2（b）所示为预测误差。用于日前市场的预测发电量是从气象局天气预报数据中获得的，而实际发电量是对多个选定位置进行测量估算获得的。

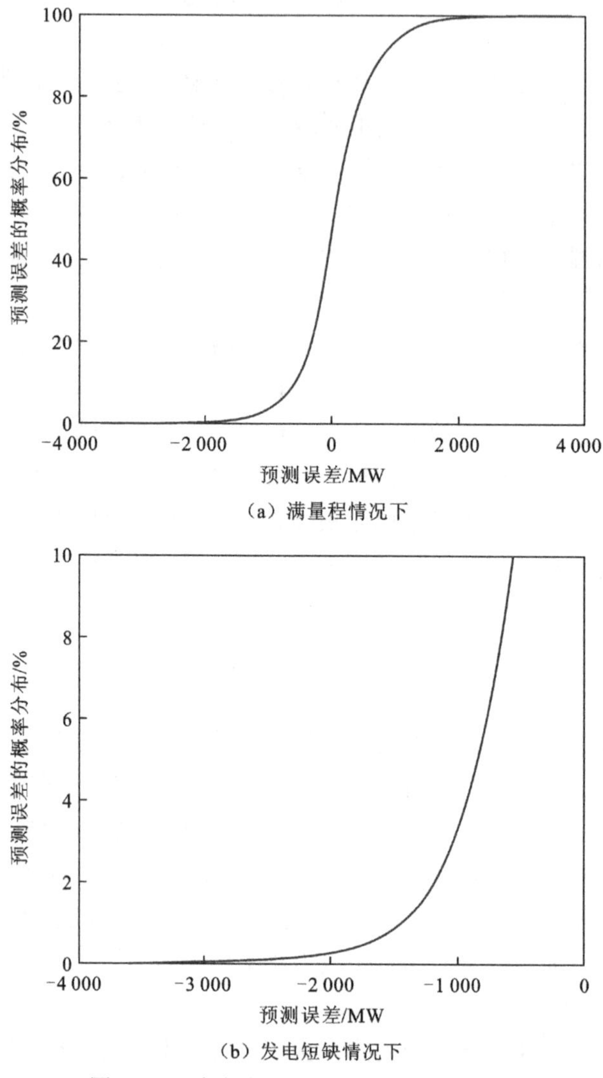

（a）满量程情况下

（b）发电短缺情况下

图 2.1　风力发电预测误差的概率分布函数

由于实际天气情况比预计时间早几个小时出现，预测发电量与实际风力发电量之间存在将近 3 600 MW 的巨大误差，如图 2.2（b）所示。风能发电量的下降必须通过增加其他能源的发电量或从其他地区进口电量来弥补。然而，进入该地区的输电容量有限，且火力发电站的升降载时间过长，由此会导致局部发电能力短缺。在这种情况下，输电系统运营商别无选择，只能通过轮流停电来减少本地用电量。

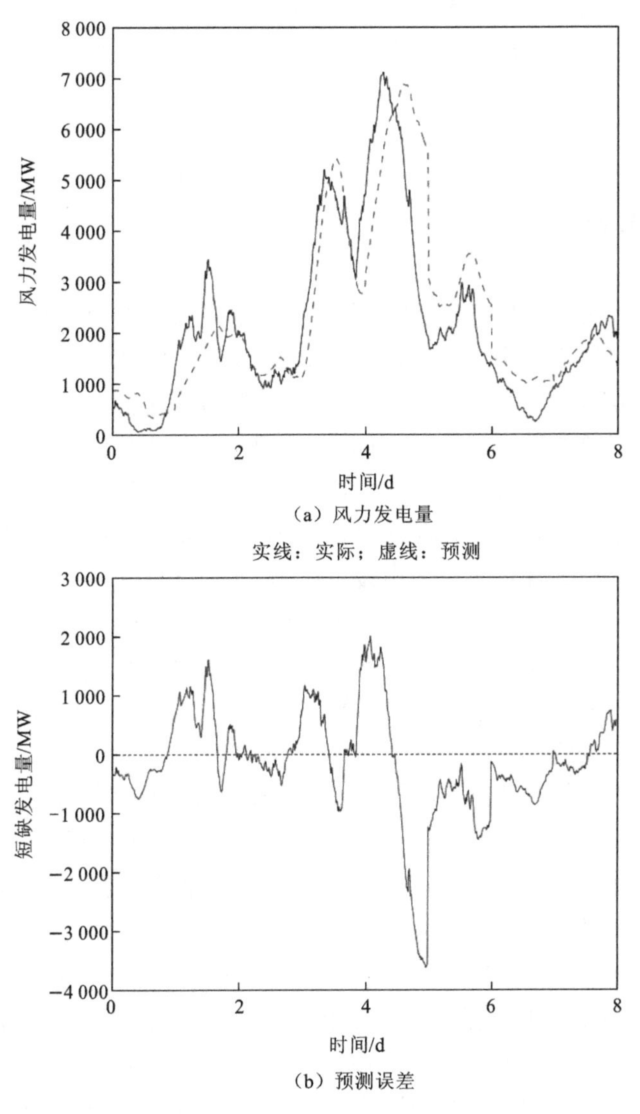

（a）风力发电量

实线：实际；虚线：预测

（b）预测误差

图 2.2 风力发电量及其预测误差

2.2 能源效率

减少能源消耗是减少温室气体排放以及所有其他能源消耗带来的不利影响的最有效方法。这可以通过一系列不同的方法来实现，某些方法与电力系统有关，而某些方法则无关。在这里，我们只讨论那些对电力系统有影响的方法，如减少电力消耗、减少电网损耗、将发电与供热相结合，以及将其他能源转换为作为能源载体的电能。最后一种方法预计会产生最大的影响，但其他方法也会进行简要讨论。在本节中，我们想让大家认识到，一般而言，全社会总能耗的降低将导致电能消耗的增加。

2.2.1 用电量的减少

有两种方式可以减少电力消耗，即使用更少的电器并减少使用频次，或者使用功耗更低的电器。整体来说，减少电力消耗对电力系统是有利的，它能降低峰值负载（2.5 节将详细介绍），也能减少损耗并提高稳定性。但是，即使只是减少电力消耗这样简单的事情也可能对电网构成挑战。如果总体用电量的减少导致最小用电量大幅下降，那么需要调整发电单元发电计划来适应此变化。在大多数国家，可能好几周甚至好几个月都维持基本负荷发电量。这种发电方式相对便宜（通常核电和煤电使用该方法），但发电设备启动需要很长时间。基本负荷发电量显然不会超过最小用电量，因此，最小用电量的大幅降低意味着用基本负荷发电的情况更少，这样一来，就必须更多地使用价格昂贵的峰值负荷（peak load）发电。当最小用电量下降幅度超过最大用电量时，甚至会引起峰值负荷发电量不足，从而导致电价上涨或轮流断电。

然而，总体用电趋势不是电力消耗减少，而是电器的使用数量越来越多。虽然家用电器的效率已大大提高，电动机的驱动效率也得到了提高，它们能在完成相同工作的情况下耗电更少，但是总消耗仍呈增长趋势。最新的趋势是：白炽灯被逐步淘汰（在许多国家和地区已经立法推动），由更高效的灯代替；廉价、高效的电力电子变换器的出现使得用电效率提高成为可能（有时高达 90%）。然而，这些电力电子变换器同样也对电网构成了潜在的挑战。与没有使用电力电子变换器的电动机或白炽灯所吸收的电流相比，变换器吸收电流的波形变得更加非正弦。非正弦电流（称为谐波电流）可能危及其他电网用户的电压质量，还可能缩短电网中组件的寿命。虽然可以生产使用谐波电流较少的设备，但这些设备更昂贵、更大、效率更低、产生更多的电子垃圾，而且设备的使用寿命还无法得到保障。标准制定组织正在对所有这些问题进行研究和讨论，但尚未达成协议。谐波电流的增加及有功功率的减少将成为电网所面临的新情况（参见 2.4 节）。

2.2.2 电网损耗

电网传输电力过程中会产生损耗，当传递电流 I 通过电阻为 R 的元件时，损耗等于 $I^2 \times R$。这种关系是我们使用高压进行长距离传输电能的原因之一，因为电压越高，电流越小，相同功率下的损耗也越小。

对于大多数国家和地区来说，电网的损耗占总发电量的5%～10%，具体取决于消费者密度以及发电站与消费者之间的距离。因此，电网的损耗不可忽略。但是，与发电环节和某些用电环节所产生的损耗相比，电力传输中的损耗仍然很小。火力发电单元的效率在40%～60%，这意味着一次能源的消耗量是发电量的1.7～2.5倍。在用电方面，损耗也很大。约15%的电力用于照明，如果使用低能耗灯，那么可以很轻松地减少4倍的用电量，从而使总能耗减少11%，但这依然超过电网中的总损耗。因此，电能生产侧和消费侧在节约电能上的潜力远高于电网侧，但是有效降低电网损耗的方法仍然值得挖掘。

如前所述，由于电能损耗与电流的平方、电阻和距离成正比，使用更高的工作电压能减少损耗。按照平方关系，工作电压增加5%将使电能损耗降低9.3%。

由于损耗与电能传输距离成正比，分布式发电通常损耗更低（只要发电量低于用电量的2倍）。另外，在大型用电中心附近建立大型发电单元也可以减少损耗，因为发电位置与用电位置近距离输电的损耗要比远距离输电少得多。根据英国国家电网公司（英国输电系统运营商）的数据，苏格兰北部的发电效率比英格兰南部的发电效率低约20%（请注意，这并不意味着损耗等于20%，在苏格兰北部增加发电将增加损耗，在英格兰南部增加发电将减少损耗，总的来说，区别是所产生电能的20%）。

由于损耗与电流的平方成正比，减小电流是降低损耗的最佳方式。大规模降低用电量也可以降低损耗。而如果要保持用电量不变，就需要付出更多成本。此外，电流变化越小，损耗占输送电量的百分比就越小。（用数学术语来说，损耗与平均电流的平方和标准偏差的平方之和呈正比。）

降低电阻也可以减少损耗，其最有效的方法是使用电阻为零的超导材料。然而，使用超导体进行长距离输电是一种非常昂贵的输电方式，并且冷却所消耗的成本将比其节省的损耗成本更多。适当降低电阻似乎是一种更加合理的方式，它可以通过增加导体的横截面积或者在变压器芯中使用低损耗材料来实现。

2.2.3 不断增加的电力应用

如前所述，增加电能消耗是实现节能的一种有效方式。一方面是因为电能是一种高效的能源载体，另一方面是因为发电结构正在向可再生能源发电等低排放的能源转变。使用低效率火力发电站直接进行电热供暖（electric heating）所产生的二氧化碳比天然气供暖产生的二氧化碳要多，但是用热泵（heat pump）以及大量可再生能源发电所产生的碳排放量无疑要比天然气供暖要低。

一辆高效的汽油车的排放量要低于采用低效率火力发电站进行供电的电动车碳排放总和，但如果电动车使用的电能来自大量的太阳能和水力发电，那么其总体排放量会降低。

这两个例子表明，只有更多地使用可再生能源进行发电，从直接使用化石燃料转变为电力作为能源载体的举措才是最有效的，而建立新的火力发电站为电动汽车供电将变得毫无意义。

电热供暖和电动汽车的发展将使得峰值能耗和电网损耗增加。预计向电动汽车的转变趋势将相对放缓[美国设想在 2015 年将电动汽车数量提升至一百万辆的计划只会将峰值用电量增加 1%（Ungar and Fell，2010）]，而向电热供暖的转变可能会非常迅速（该技术已在某些国家广泛使用），其峰值负载或将增加 2 倍以上。

用电量增加与发电量增加所带来的后果并无区别。所不同的是，如果产生额外的消耗，将无法通过发电来补偿，在这种情况下，即使是很小的额外用电量也会产生明显的负面影响。换句话说，新用电量的消纳能力通常小于新发电量的消纳能力。用电量增加的后果简要概述如下。

（1）压降会增加，导致欠压。这种情况将首先发生在压降作为限制因素的农村电网。偏远地区的家庭用户（domestic customer）通常无法获得区域供暖或天然气供暖，因此他们很可能成为第一批改用电热供暖的对象。

（2）用电量的增加将明显增加配电和输电网络过载的风险。大范围地理区域内用电量的大量增加甚至可能导致发电容量不足，其结果是前面提及的轮流停电。

（3）起初，我们很难准确地预测电动汽车和电热供暖的耗电量随时间的变化趋势，因此很可能产生严重的误差，从而需要更多运行储备来补偿预测误差。这将拉低安全传输容量，并减少用于满足用电高峰的发电量。

2.2.4 热电联产

第三个与能效提升相关的发展趋势也可能对电网构成挑战，那就是热电联产的使用，即同时产生热和电。热电联产对电网的影响与可再生能源发电非常相似（2.1节），其主要区别在于，热电联产的发电与用电之间的关联度要比可再生能源发电与用电的关联度强得多。图2.3是2008年丹麦热电联产和风力发电每小时发电和用电数据。

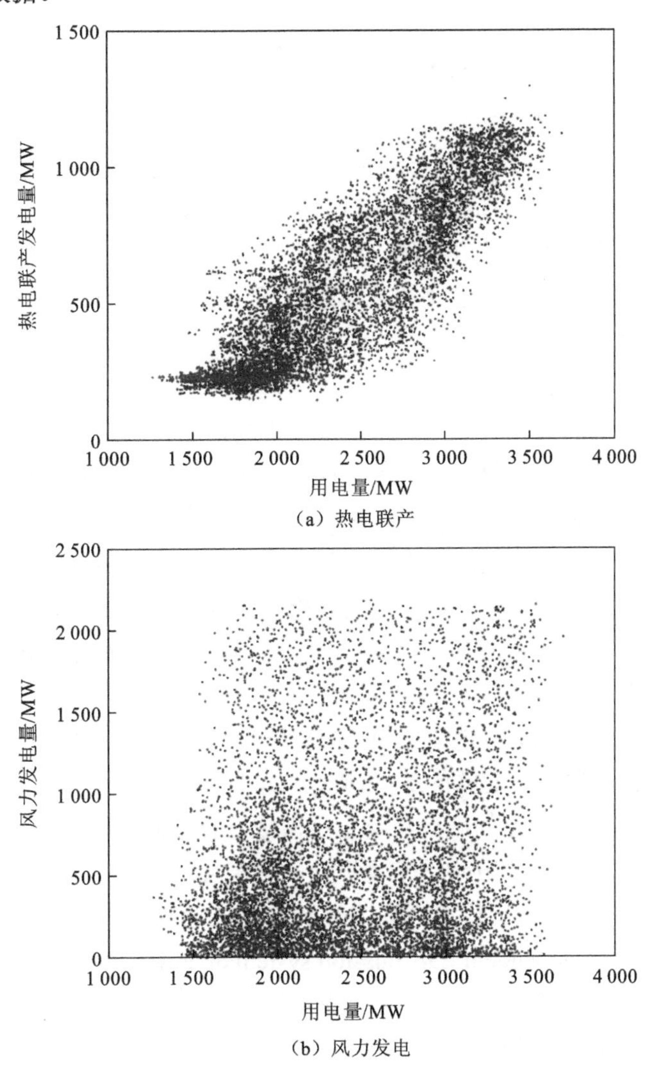

图2.3 热电联产和风力发电用电量与发电量的相关性

在用电高峰期，可以依靠热电联产；当用电量增加到 3 000 MW 以上时，热电联产的发电量迅速增加，而风力发电则没有这种关系。尽管风力发电量与用电量存在一定的正相关（相关系数为 0.2），但在用电高峰期却不能依靠风力发电。热电联产的存在使得其他发电能源的发电容量需求减少了约 1 000 MW，而风力发电却较低。为了对不同发电类型的效用进行量化，需要计算热电联产和风力发电的容量可信度。这个指标主要是指，当增加一定的新型发电设施的发电量时，在不降低可靠性的情况下可以取消的常规发电设施的发电量。

2.3 电力市场

电力市场的重组始于 1990 年左右，在少数几个国家同时开展，并影响了电网的多个方面。随着电力市场的发展，这一影响将愈发深远。

正如我们将在 5.1 节中看到的，电力市场由若干个相互独立的市场组成，其中批发市场、零售市场，以及平衡或实时市场（real-time market）对电网的影响最大。也有一些商品市场交易期货、远期合约、期权等产品，这些市场对电网没有任何影响，这里不再进一步讨论。

对输电网络的影响主要来自目前的批发市场，它将决定哪些发电设备会为预期的用电负荷提供电能。批发市场的规则决定了将调用哪些发电设备，它不受输电系统运营商的利益所支配。但是，输电系统运营商仍然有责任保持较高的运行安全性。为防止市场对高运行安全性产生危害，输电系统运营商设定了安全传输容量和必要发电量，市场将进行不断的调整以便满足这些限制条件。正是输电网络对市场的自由运作设置的障碍，使得市场绝不可能对电网运行状态的安全性造成威胁。

在未来，批发市场的地理范围预计将进一步扩大。北欧电力批发市场（NordPool）已经覆盖了北欧的 5 个国家，占地面积为 2 000 km×1 500 km。波兰、德国和荷兰携手建立的联合市场已经落成，预计到 2015 年，目前批发市场将在整个欧洲大陆的大部分地区实现联合，这将会形成一个覆盖 25 个以上国家和 5 亿人口的单一电力市场。此外，美国 PJM 电力市场将与中西部独立输电系统运营商（midwest independent transmission system operator，MISO）建立一个覆盖美国 23 个州、华盛顿特区和加拿大一个省的单一批发市场，并形成一个拥有更大用电量的更广阔的地理区域。市场覆盖的地理区域越大，对长距离输送大量电力的需求就越大。

零售市场对电网运行的影响要小得多。零售商在批发市场上购买电力并将其出售给用户，实际上，这只是金融交易，并没有任何实物交易。如果消费者换到另一家零售商，不会影响电网中的任何潮流。不过，只有零售市场才能体现用电的价格弹性（price elasticity），因为零售商会预估用户每小时的用电量，而这些数值正是市场结算的基础。系统运营商不得不平衡预期发电量与实际发电量之间的差异，这一差异可以通过平衡或实时市场来解决。此外，发电量的偏差和平衡还将产生更多的潮流，并导致电网存在不安全运行的风险。

目前，在批发市场上受到价格变动影响的消费者不多。因此，电价的调整很少会影响到用电量，经济学中称之为价格弹性低。将来，零售商预计会向用户提供小时价格，但目前，用户的价格弹性还未知。在向大量消费者推广小时价格期间，预计用电量与实际用电量之间的差异将会越来越大。这么做产生的经济影响将在平衡或实时市场上存在巨大的价格波动。对于电网而言，这意味着将存在更多不可预测的潮流，并且需要保持更大的备用裕度以应对更大的预测误差。

批发市场尚未对配电网络产生任何影响，但是，当大量的分布式发电成为批发市场的一部分时，也将有可能影响配电网。此外，需求响应还可能导致预期之外的潮流流过配电网。在配电层面，最大潮流是其主要的影响因素，而市场引入的其他不确定因素相对而言就显得没有那么重要了。

在此应注意，导致电网拥塞（congestion）的类似市场原则也可以用于支持电网，我们将在第 5 章中更详细地讨论这一点。

2.4 供电连续性和电压质量

2.4.1 对更高性能的需要

保证供电连续性和电压质量是电力系统的主要目标。电网的设计应使供电连续性和电压质量足以满足大多数电网用户的需求。很多文献通常会对供电连续性（或可靠性）与电压质量[或电能质量（power quality）]进行区分。实际上它们之间没有自然的区分点，大致而言，供电连续性应考虑供电中断的可能性，而电压质量应考虑与理想电压的所有偏差情况。电压暂降、谐波、闪烁等现象都属于电压质量的范畴。长期和短期电力中断属于供电连续性的范畴。有关此问题的更多信息，参见各种书籍、报告和论文（Caramia et al.，2009；Baggini，2008；CEER，2008；Bollen et al.，2006；Dugan et al.，2003；Schlabbach et al.，2001；Bollen，

2000）。

维持良好的供电连续性和电压质量一直都是电网设计的初衷。经过 100 多年的改进，对于大部分电网用户而言，目前的供电连续性和电压质量在大多数情况下已经满足要求，但是仍然存在连续性或质量不足的情况。目前，电网遇到的实际挑战总结如下。

（1）应避免大量电网用户长时间无电可用的情况。这种停电可能是输电系统的故障所导致的，或者是由于恶劣天气或自然灾害引发配电系统故障所导致的。电力系统大停电一般是不可接受的。另外，自然灾害（飓风、剧烈地震）发生期间的电力损失是不可避免的，自然灾害（可接受停电）与极端天气（不可接受停电）之间的界限正在向上偏移，这对电网抵御更多极端外部环境的能力提出了更高的要求。

（2）电网运营商要求逐步提高供电连续性和电压质量的平均值。例如，每位用户每年的平均停电次数（system average interruption frequency index，SAIFI）及相关的可靠性指标应显示出逐渐降低的趋势。

（3）对于某些电网用户而言，当前的供电连续性和电压质量是难以满足其要求的。在某些情况下，电网运营商需要进行投资（当现有的供电连续性和电压质量过低时）；在其他情况下，则是电网用户需要进行投资（当其要求高于普通用户时），具体如图 2.4 所示。这里存在的主要问题是正常的供电连续性和电压质量的标准是什么，而定义它本身就是一件非常困难的事情。

<table>
<tr><td colspan="2"></td><td colspan="3">供电连续性和电压质量</td></tr>
<tr><td colspan="2"></td><td>低</td><td>正常</td><td>高</td></tr>
<tr><td rowspan="3">电网用户要求</td><td>低</td><td></td><td></td><td></td></tr>
<tr><td>正常</td><td>电网运营商投资</td><td></td><td></td></tr>
<tr><td>高</td><td>双方投资</td><td>电网用户投资</td><td></td></tr>
</table>

图 2.4　当供电连续性和电压质量无法满足电网用户的要求时需要进行投资

监管者的重要作用是在供电连续性和电压质量中定义图 2.4 中的“正常”与“低”之间的界限。当电网性能低于限值时，由电网运营商进行投资；而当电网性能超过此限值但电网用户仍然不足时，由电网用户来进行投资。

2.4.2 新的发电和用电

新的发电和用电会在许多方面对电压质量产生影响。两者都会引起额外的谐波发射，进而使电压质量下降。虽然分布式发电的谐波发射问题经常被讨论（Bollen and Hassan，2011；Dugan et al.，2003），但是这种谐波发射造成的严重问题只会出现在少数地方。而且，节能设备[可调速驱动器、紧凑型荧光灯（compact fluorescent lamp）]的谐波发射水平要高于传统设备（节能程度较低）。

分布式发电对谐波的影响有待验证。实际上，分布式发电产生的谐波水平很低，甚至比电视或计算机等典型低压设备产生的谐波水平低得多。但是，这里必须要对两个方面进行解释。首先是用于分布式发电并网的电力电子变换器不会向电网注入与其他设备相同类型的谐波。除正常谐波外，这些变换器还会注入偶次谐波、间谐波（interharmonic）和高频谐波（high-frequency harmonic）。其中：偶次谐波的频率是电力系统频率的偶数倍；间谐波的频率为电力系统频率的非整数倍；高次谐波的频率在2～150 kHz范围内。由于以前电网中不存在这些“新谐波”，对其可接受的限值（规划水平、兼容性水平和电压特性）非常低。随着新型变换器的大量推广，这些原有的谐波水平限值将很快被超越。当然，这也并不意味着会带来各种问题。

其次是关于可用干扰分配。通常，将设备添加到电网时，谐波水平的增长与有功功率消耗的增长有关。后者需要进一步强化电网，而且只要谐波电流不过度，这种强化过程也可以遏制谐波畸变的增长。反过来，这一问题也会在谐波标准中得到解决。但随着会注入谐波的发电设备的出现，以上情况将发生很大变化。谐波含量将突然增长，并伴随着有功功率的降低，这一问题不再能够通过强化电网来解决，因此谐波水平的提高也得不到遏制。当旧设备被效率更高的设备替代时，情况是一样的，这些设备将消耗较少的有功功率，而注入更多的谐波电流。

新型发电方式还将以其他两种方式影响电压质量。首先，应用电容器组和长地下电缆是新发电装置的共同特征，这不仅会导致谐波谐振，还将产生高水平的谐波电压和电流。其次，连接到输电系统的常规发电设备数量的减少，使得输电系统较为脆弱，谐波电压失真程度更高，且电压骤降的次数也会有所增加。

2.4.3 可靠性指标

可靠性指标在许多国家和地区已使用了很多年，其中最著名的是系统平均中断频率指数(system average interruption frequency index，SAIFI)和系统平均中断持续时间指数(system average interruption duration index，SAIDI)。两者及许多其他可靠性指标均是基于 IEEE Std.1366（CEER，2008；IEEE，2003a）标准来定义的。

在某些国家和地区，不仅要考虑 SAIFI 和 SAIDI，还要考虑供电品质最差的用户的数值。这已经成为一个重大趋势，并且可以通过两种互补的方式来完成。一种方法是设置一个可接受的最高中断频率和电力供应缺乏指数阈值(对应图 2.4 中“正常”与“低”之间的界限)，并使用超出该级别的用户数量或百分比作为指标。

另一种替代的方法是考虑小比例的“供电品质最差的用户”，如以 5%供电品质最差的用户的最低中断频率作为指标。95%的用户中断频率要好于这 5%的用户。对于电力供应缺乏指数（每年停电的分钟数）也可以这么操作。

性能指标中需要考虑的与智能电网有关的两种中断情况是限电和需求响应（参见 4.4 节和 5.3 节)。这一问题还没有简单易行的应对方法，原因在于存在大量的限电情况和需求响应，而且不清楚未来情况如何。如果要把限电包含在可靠性指标当中，那么无论如何必须考虑限电给用户带来的不便。例如，关闭冰箱 1 h 几乎不会产生任何影响，但是关闭电灯 10 min 可能会带来很大的不便。当对供暖或制冷进行限制时，外部温度也可以视为指标。而在发生需求响应时，情况会因为需求响应难以衡量而变得更加复杂。

2.4.4 电压质量指标

虽然电压质量指标不像可靠性指标那么常用，但仍然有标准可以参考，如欧洲电压特性标准 EN 50160（CENELEC，2010)。电压质量指标分为两类，即与电压质量事件相关的指标[目前包括电压暂降（voltage dip）和电压快速变化（rapid voltage changes)，未来可能还包括瞬态现象]，以及与电压质量变化相关的指标[目前包括电压幅值变化（voltage-magnitude variations)、谐波（harmonic)、闪烁（flicker）和不平衡（unbalance）]。

电压质量事件是可以计数的，基本上可以通过这些现象的指标得出事件数量或每个用户的平均事件数，它们与 SAIFI 非常相似。对于不同持续时间和剩余电压幅值的电压暂降，通常会给出每个测量位置或每个用户的平均事件数。根据国际工作组的最新建议，给出供电品质最差用户的电压暂降次数也很重要(CIGRE，2010)。

如果涉及谐波及其他电压质量变化指标，那么需要另一种方法。举例来说，一年中的平均值并不适合作为指标；相反，应该定义的是最大可接受程度。合适的指标包括每年超过这些限值的次数或每年超过这些限值的小时数。对于大多数变量而言，尽管某些细节的讨论仍在进行中，但大家已经可以很好地理解什么程度是可以接受的；对于其他变量而言，最新研究成果中仍然没有很好的指标来定义什么程度是可以被接受的。

对电压幅值快速波动的限值是基于标准白炽灯的闪烁可见性及其他光强度的变化而得到的。由于白炽灯正逐步被淘汰，目前讨论的是这些限值的适用性。不同类型的非白炽灯对电压波动（voltage fluctuation）的反应不同，因此已经无法对“标准灯”进行定义。

对于电压谐波而言，某些限值还处于大约 30 年前电网的水平。那时候偶次谐波和间谐波的水平非常低，因此限值也很低。然而，某些现代设备（包括风力机组）会在这些频率下失真，这将导致将来可能很难满足这些下限（Yang et al.，2011）。

对于频率在 2 kHz 以上的谐波，目前还没有任何限定。原因很简单，因为过去并不存在高于这个频率的谐波畸变，而且测量这些频率也相当困难，也没有报道显示在 2～150 kHz 出现问题。然而，许多现代设备[包括太阳能电池板和某些类型的节能（energy conservation）照明设备]确实会引起这个频率的谐波畸变，最近已经有人着手开始定义合适的限值（Larsson et al.，2010）。

2.5 传输容量

2.5.1 配电

电力系统的基本设计准则是时时刻刻满足所有电网用户的需求，包括峰值需求。我们首先深入研究一下连接到输电网络的中压配电网络。一般情况（几乎是所有情况）下，配电网络中只存在消费者。输电网络应能够输送最大的用电量，足以应付最冷的冬季、最热的夏季，或者是其他可能导致最高用电量的情况。

但这仍不足以保证供电可靠性。建造新的电力线路或电缆往往需要数年时间，因此在确定对传输容量的需求时还必须考虑到用电量的增长。此外，电网组件也可能发生故障，从而影响供电可靠性。即使发生故障，电网也要能够为用户供电。断电几个小时对于负荷而言还可以接受，但长时间断电是不被允许的。由于故障组件难以在短时间内修复，大多数电网运营商都保持一定量的储备，以便即使在无法及时修复故障组件的情况下也能在几个小时内恢复供电。因此，从输电网到中压电网所需的传输容量应至少等于以下三个部分的总和：

（1）最高用电量；

（2）未来几年预计增长的用电量；

（3）为补偿重要组件损耗而准备的备用电量。

电网必须能够应对在未来几年一个重要组件在最大负载时损坏的情况，这一设计被称为最坏情况设计。虽然发生这种情况的可能性似乎不大，但这是确保高供电连续性的方法。随着分布式发电使用的增加（参见 2.1.1 小节和 2.2.4 小节），对配电网络的需求也会发生变化。设计过程中不仅要考虑最大用电量（最高用电量和最小发电量），还必须考虑最大发电量（最高发电量和最小用电量）。如果引入新的发电和用电设备，可能会导致发电量和用电量的增长难以预测。

2.5.2 次级输电网和输电网

次级输电网与输电网的情况非常相似。在输电系统中存在发电设备是很正常的，在设计中通常也会考虑到。除未来用电量和发电量的增长外，电网还必须能够应对由于电力市场而产生大量电力输送的情况。至于未来的发电、用电和长距离输电将达到何种水平，这又是一个未知数。相比配电而言，次级输电网和输电网的设计并不需要考虑到所有方面，而且输电系统运营商可以阻止在电力市场上进行可能导致电网运行不安全的电力交易（参见 2.3 节）。但是，输电网络应始终能够满足本地的用电需求，这意味着本地的发电量加上从其他地方进口的电力容量应能满足当地的用电需求。如上所述，从其他地方进口的电力容量（电网运营商可以施加影响）应至少等于下列各项之和：

（1）最大用电量减去最小发电量；

（2）最大用电量减去最小发电量的预期增长；

（3）备用裕度。

其中，备用裕度是为了确保将来的供电连续性依然得到保障。然而，不同情况下电网所需的储备电量各有不同。

在最高电压水平下，系统运行应始终确保任何组件（线路、变压器、大型发电装置等）的损坏都不会导致任何电网用户断电。一旦无法满足要求（通常当主要组件发生损坏之后），电网运营商将会采取措施，确保在 15～60 min 内再次满足用户供电要求，这被称为 N-1 准则（N-1 criterion），它是保证输电系统具有极高可靠性的基础。如果 N-1 准则能够被满足，我们说系统运行是安全的。此外，通过输电线路输送的最大电量，如两个国家之间，采用 N-1 准则，称为安全传输容量，它也是确定是否需要对电力市场进行干预所需要考虑的因素。

一旦决定需要建立更多的输电线路，情况就会变得更加复杂。即使一个主要组件因维修或维护而无法使用，仍然需要保证系统可以安全、稳定地运行，在这种情况下电网也应有足够的储备。所以有人会说，输电环节设计应符合 *N*-2 准则，但在大多数情况下，*N*-2 准则用于最高电压水平，而不用于较低的（次级输电网）电压水平。

2.5.3 发电

在系统层面，如果把整个国家的发电容量都考虑进去，那么系统对储备的需求将变得更大。在开放的电力市场中，不再有任何人负责规划发电容量。尽管如此，许多系统运营商仍在评估是否存在发电能力不足的风险。

例如，每年秋天瑞典输电系统运营商会发布一份报告，报告中将可用的发电容量与冬季的预计最大用电量进行比较。假设只有部分有影响的发电容量可以用，对于不同的发电方式其可用性不同：火电和水电为 90%；风力发电为 6%。发电量和进口电量应能够满足最大用电量的需求，这里指的是“十年一遇寒冬”的预计最大用电量（28 200 MW），加上 325 MW 的初级储备（primary reserve）和 1 200 MW 的次级储备。

由于备用裕度的不同，所需的发电量至少比预期的最大用电量高出 17%，实际发电量则超出了这个范围。在其他互联的系统中，情况也非常相似，如装机发电容量远远超过预期的最大用电量，这不仅在于保证足够的储备容量，而且在于互联系统各部分之间的传输容量有限。扩大电力市场的原因之一就是要在更大的地理区域内共享储备容量。当然，要实现这一点，电力系统的不同部分之间需要具备足够的传输容量。

2.5.4 传输容量不足

传输容量不足的后果因不同的电压水平而有所不同，可以总结如下。

（1）在配电层面，将导致电网用户供电中断。

（2）在次级输电网层面，将导致发电单元临时停机，供电中断风险增加，以及电价小幅上涨。

（3）在输电层面，将导致相邻地区之间电价差异很大，二氧化碳排放量增加，最坏的情况下还会造成轮流停电。

前面提到的几个挑战都将增加传输容量不足的风险，包括可再生能源或热电联产的新发电量、电动汽车和电热供暖的新用电量，以及电力批发市场的进一步开放。因此，增加传输容量对于所有电压水平的电网而言都是一个重大的挑战。

2.6 性能指标

出于监管目的，量化电力系统（或电网运营商）执行任务的能力非常重要。性能指标是在几年前专为供电连续性和电压质量而引入的，其目的是确定电网的目标完成情况，并激励电网运营商做出正确的投资决策。这种基于激励性的监管（incentive-based regulation）很可能会扩展到其他指标，从而激励人们以最具性价比的方式去投资。

欧洲能源监管机构在其关于智能电网的意见书中提出了34个性能指标的清单（ERGEG，2010a），此后该清单被其他几个欧洲组织接管，这些指标根据效用分为如下几个方面。

（1）提高可持续性。

① 量化碳排放的减少程度；

② 电网基础设施的环境影响。

（2）足够的输配电网络容量来“收集”电力并向用户供电。

① 分布式能源的消纳能力；

② 允许注入最大功率而没有拥塞风险；

③ 不会因为拥塞和/或安全风险而取消使用可再生能源发电。

（3）各类电网用户都有足够的电网连接和进入权限。

① 生产者、消费者和产消者的首次接入费；

② 生产者、消费者和产消者的电网接入费；

③ 费率的计算方法；

④ 连接新用户的时间。

（4）令人满意的安全水平和供电质量。

① 可靠、可用的发电容量与峰值需求的比率；

② 可再生能源发电的份额；

③ 电网用户对其获得的电网服务的满意程度；

④ 电力系统稳定性方面的表现；

⑤ 每个用户供电中断的持续时间和频率；

⑥ 电压质量。

（5）在电力供应和电网运营方面提高效率并提供更好的服务。

① 输配电网络中的损耗水平（绝对值或百分比）；

② 在规定的时间段内（如一天、一周）的最小与最大电力需求之比；

③ 电网设备的利用率（即平均负载）；

④ 电网组件的可用性（与计划内和计划外的维护相关）及其对电网性能的影响；

⑤ 电网容量标准值的实际可用性（如输电网络中的净传输容量、配电网络中的分布式可再生能源的消纳能力）。

（6）有效支持跨国电力市场。

① 一个国家或地区的并网容量与其电力需求之比；

② 扩展并网容量（单向能量传输与净传输容量之比），尤其是根据跨界电力交换规定和拥塞管理准则扩展最大容量；

③ 并网的拥塞租金。

（7）通过欧洲全境、区域和地方电网规划协调电网开发，以优化输电网络基础设施。

① 拥塞对国家或区域市场的输出和价格的影响；

② 拟议的基础设施投资的社会效益成本比；

③ 整体增益的增加，即始终使用最便宜的发电方式来满足实际需求；

④ 新输电基础设施的许可/授权时间；

⑤ 新输电基础设施的建造时间（如获得授权后）。

（8）新的市场参与者增强了顾客的意识和市场参与度。

① 需求方参与电力市场和能源效率措施；

② 使用时间/关键峰荷/小时定价的消费者百分比；

③ 在采用新的定价方案后对用电模式的量化修改；

④ 可中断负载的用户百分比；

⑤ 以实现需求灵活性为目的参与类似市场方案的负载需求百分比；

⑥ 连接到较低电压水平的辅助服务的用户参与百分比。

这些指标可以用于国家监管机构对电网运营商的表现进行评估，也可以用于评估、评价智能电网的研发和示范项目，还可以用于电网运营商做出投资决策和未来发展决策。

其中一些指标已在许多欧洲国家和地区使用，尤其是可靠性指标“每个用户供电中断的持续时间和频率”取得的进展最大。

第3章 电网中的解决方案

第2章中提出的各种挑战可以通过不同的方式解决。本章我们将介绍一些仅涉及电网的解决方案。常用的解决方案将在3.1节中讨论；3.2节将介绍提高输电容量（尤其是在次级输电网和输电网中）的方法；大型输电网络和储能这两个特定的解决方案分别是3.3节和3.4节的主题；3.5节将讨论对配电网络进行现代化改造的不同解决方案，包括保护、电压控制、微电网和自动供电恢复；3.6节将对一些应用程序进行介绍，这些应用利用其他智能电网解决方案提供的大量测量数据。

3.1　常用解决方案

应对第 2 章中提到的大多数挑战的常用解决方案是在电网中增加更多主要组件，如线路、电缆、变压器和变电站。一般而言，这是最有效的方法，而且这么多年来，这也是最具性价比的解决方案。在本书中，我们仅简要概述与各种挑战相关的常用解决方案，更多详细信息，请读者阅读有关电力系统设计（power-system design）的书籍（Gönen，1988；1986）。

在配电层面，建造新的馈线并强化现有的馈线可以解决许多问题：电压下降和升高的次数将减少，在馈线过载之前可以传输更多的电力，甚至一些电压质量干扰的程度也会降低。强化现有的馈线意味着增加电线的横截面，横截面较大的电线在过载之前可以承受更多的电流，并且使在电流相同的情况下沿着馈线的压降更小。就前面讨论的挑战而言，建造新的馈线和强化现有的馈线将使得更多的分布式发电和更多的节能设备接入电网，并且会改善电压质量。分布式发电（如小规模风力发电和太阳能发电）的一个严重问题是，由于有功功率注入配电馈线会引起电压上升，强化馈线将降低电压上升的可能性，从而降低过电压的风险。对于某些电网运营商来说，为风力发电设备建造专用的馈线是一种常用的方法。这也解决了由于分布式发电而产生的一些保护协调问题。

随着电动汽车充电和电热供暖等高能效用电主体的出现，欠压和过载的风险成为主要关注的问题。强化馈线不仅可以降低风险，还可以减少由于大量节能灯和可调速电机驱动器引起的谐波电压畸变。

用地下电缆代替架空线会对供电可靠性产生积极影响。除更换架空线外，还需要更换一些开关柜，因为地下电缆的维修时间比架空线的维修时间长得多。虽然地下电缆的故障概率要比架空线小得多，但是一旦发生故障，维修时间会更长。因此，需要备用电源以防止用户长时间断电的现象发生。

地下电网的可靠性较高，不仅是因为电缆的故障率较低，还与增加开关柜有关。另外，与主要受天气原因影响的架空线故障相比，地下电缆的故障要随机得多。多条地下电缆同时故障的情况很少见，但一场风暴会在几个小时内损坏多条架空线。时常从新闻听说，大风暴过后恢复供电需要花费很长时间。

建造新的变压器和变电站（它们之间的连接相当牢固）也将允许输送更多的电力，从而能够接入更多的分布式发电和能效高的设备。建造新的变压器可以减少每个变压器的带载，从而降低过载的风险，而且这将允许使用更短的馈线，从而降低过压和欠压的风险。

然而，建立新的主要基础设施变得越来越困难。除成本因素外，还需要获得有关当局的许可。尤其是那些公众反对强烈的架空线，其交付期可能很长，且一旦线路或电缆搭建完成，灵活性会非常有限。

有许多常用的解决方案不需要搭建新的线路、馈线或变压器。缓解电压下降和上升的方案包括：在馈线安装并联补偿（shunt compensation）和串联补偿（series compensation）装置，采用变压器分接开关的线路压降补偿（line-drop compensation），以及配电变压器的自动分接开关。后者虽然不是常用的解决方案，但技术已经存在。除线路压降补偿外，其他解决方案的成本可能会很高。

解决由于分布式发电所导致的保护协调问题的常用方案是采用方向保护和反孤岛保护（anti-islanding protection）。方向保护需要使用电压互感器，这大大增加了保护成本。在配电层面使用距离保护的示范项目也已经开始。

反孤岛保护是一种廉价的解决方案，但是如果有大量的分布式发电，本可避免的跳闸风险可能会变得很高。在欧洲的两次大扰动期间（2003 年和 2006 年），当系统频率下降到反孤岛保护设置的 49 Hz 以下时，大量的分布式发电跳闸。其中有一次，有大约 1 500 万个家庭遭受断电，数量约是分布式发电未跳闸时的 2 倍。此外，在一些拥有大量屋顶太阳能的地区，反孤岛保护装置在晴天会因过电压而触动。

由新型发电和用电方式带来的谐波问题经常被认为是一个严峻的挑战。实际上，几乎所有的新型发电和用电都包括在内：太阳能电池板、风力发电、小型热电联产（微型 CHP）、节能灯、变速驱动器、热泵，以及电动汽车充电。防止电网中出现高次谐波失真的常用方案是对单个设备和全套设备产生的谐波量进行限制。对于低压电网而言，已对单个设备产生的谐波量做了限定；对于更高的电压水平而言，对全套设备产生的谐波量施加限制同样也会降低失真水平。单个设备的发射限值依据国际电工委员会（International Electrotechnical Commission，IEC）制定的电磁兼容性标准进行规定。对于小型设备的谐波发射量，尤其是 IEC 61000-3-2（IEC，2009），是一个非常重要的指标，对于全套设备而言不存在国际标准。此外，电网运营商通常根据计划水平来设置各个设备的谐波发射限值。电网运营商也可以选择计划水平，但实际上，常用的还是技术报告 IEC 61000-3-6（IEC，2008）中的指示参数。

3.2 传输容量

可再生能源的可利用水平在世界范围内分布不均，即使在一个国家或一个洲之内，分布也不是均匀的。以欧洲大陆为例：在欧洲中部（阿尔卑斯山附近）、斯堪的纳维亚半岛、西班牙北部和巴尔干半岛，水力发电量很大；风力发电主要集中在欧洲西部，特别是西北部；而太阳能发电在欧洲南部最为集中。用电量最集中的地区位于中欧、英格兰南部、意大利北部，以及部分国家首都人口密集地区，图 3.1 对此进行了说明。在欧洲，要将电力从大型可再生能源发电站传输到用电中心，需要增加输电系统的传输容量；要发挥水力发电的平衡能力，更需要进一步提高传输容量。

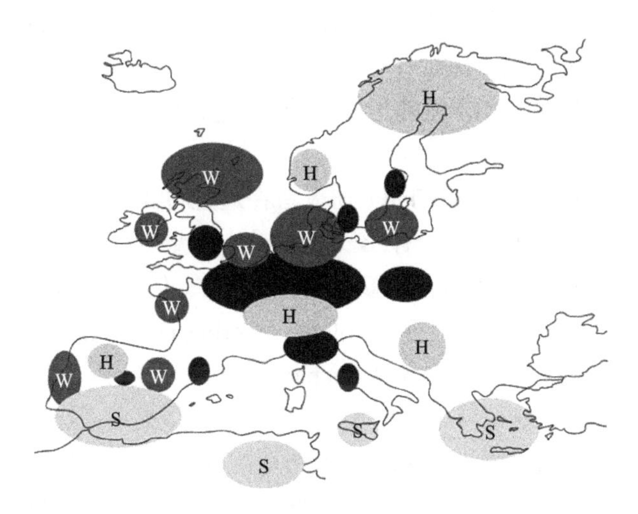

图 3.1 欧洲的可再生能源用电分布
"H"区域：水力发电；"W"区域：风力发电；"S"区域：太阳能发电；
其他圆圈区域：用电中心

即使在用电量大和可再生能源利用率高的地区，也不会在用电区域附近建造大型发电设施，因为根本没有建造空间。这样的案例还发生在一些地势较低的国家（从法国北部，通过比利时和荷兰，到德国北部和波兰），这些国家虽然风力资源丰富，但是大型发电设施都建在远离城市的地方。在太阳能发电利用率高的马德里和雅典等城市也是如此，尽管城市内部对能源的需求量最大，但大型太阳能发电设施都建在城市外面。

这一问题不仅存在于欧洲，也不仅存在于利用可再生能源发电的区域。与欧洲相比，北美和东亚地区主要城市与可再生能源丰富的地区之间的距离更远。未来新的核能和火力发电站距离城市更远，欧洲的火力发电站可能建在主要港口附近。另外，对大量冷却水的需求使得靠近大海的位置成为核电站位置的绝佳选择。这些发电设施都尽可能地远离城市。在北美和中国这样的煤炭大国，政府把新的火力发电站建在矿区附近，这样只需要输送干净的电力，而不需要运输煤炭。将来，对二氧化碳进行收集的发电站将会建造在可以更方便地储存二氧化碳的地方。

最后，建立泛欧洲（pan-European）电力市场需要电网具备将大量廉价电力从大陆的一侧输送到另一侧的能力，从而实现欧洲电力市场的愿景，即这片大陆上任何地方的用户都可以购买到最便宜的电力，北美也有同样的开发计划。

所有这些计划都需要电网能够在更长的距离上传输更多的电能。对此而言，通常的解决方案不外乎是搭建更多的输电线路，并且在某些情况下，这仍然是唯一的解决方案。如果一座大型水电站建在距离用电主体 2 000 km 的地方，那就不可避免地需要建造输电线路。而有一些方法可以减少要搭建的线路数量，或者在不搭建新线路的前提下增加现有输电系统的输电能力。将在本节对其中一些方法进行讨论。

欧洲信风（Europian TradeWind）研究旨在通过将 300 000 MW 的风力发电整合到欧洲电力系统中，以增加欧洲各国之间的输电容量，这相当于占整个电力需求的 25%。研究表明，提高传输容量每年可以减少 15 亿欧元的运行成本，这样一来，200 亿欧元的投资成本就显得很有必要（Corbus et al.，2009）。研究还表明，假设有足够的传输容量，风电的容量（capacity value）将从单个国家的 8%扩展到占整个欧洲的 14%。这意味着，在保持同等可靠性的前提下，可以额外节省 18 000 MW 的发电容量；这也意味着，在用电高峰期，更有可能出现发电容量充足的情况，本地价格高峰出现的概率会更低，因而整个大陆的电价将整体下降。

3.2.1 高压直流输电

高压直流输电（HVDC）通过利用直流电而不是 50 Hz 或 60 Hz 的交流电来传输大量电能。当电网需要以可控的方式远距离传输大量有功功率时，HVDC 是无可比拟的。HVDC 线路的潮流可以得到完全控制，并完全独立于其他潮流，其损耗主要源自换流站，而且每公里的额外损耗要小于具有相同传输容量的交流输电线路。当输电距离超过一百到几百公里之间的成本曲线交点时，HVDC 的价格比交流输电更便宜。与交流输电的架空线相比，HVDC 的另一个重要优点是地下电缆在应用方面没有运行缺点。这使得 HVDC 成为海底连接的唯一选择。同样，对于并网连接而言，HVDC 也是唯一的解决方案。

HVDC 的主要缺点是成本高，并且输电系统运营商缺乏将其接入交流系统中的经验。大部分运行中的高压直流线路与两个同步系统相连。例如，北欧的系统通过八条线路连接到欧洲的系统，是否需要通过更多的线路也正在被讨论当中。

北非与南欧之间的输电线路也面临同样问题。图 3.2 显示了欧洲现有的和计划中的高压直流线路概况。该地图的信息来自欧洲输电系统运营商组织（European transmission system operators, ENTSO-E）发布的“十年电网发展计划”。该发展计划一共列出未来十年内将完成的 23 个 HVDC 项目。

图 3.2　欧洲现有的和计划的 HVDC 线路

实线：现有线路；虚线：计划线路

从地图上可以看到，大多数输电线路都位于北海附近，那里风电和水电的接入及市场的进一步开放是主要发展动力。意大利东部和西部也有许多输电线路，主要是因为意大利的发电能力有限。

在北美，HVDC 线路主要以背对背的形式连接四个大型并网系统。加拿大的长距离输电线路将水力发电产生的电力从北部运输到南部的用电中心；在日本，几条 HVDC 线路将两个并网系统连接起来；在中国，数条高压直流输电线路将水力发电产生的电力输送到各个大城市。

嵌入交流系统中的 HVDC 线路则不太常见，俄勒冈与洛杉矶之间 3 100 MW 的太平洋联合电力网就是一个典型的例子。此外，在欧洲，瑞典与芬兰之间、意大利与希腊之间的输电线路也是两个典型的案例，它们跨海将交流电网连接不稳定的两个节点给短接起来。相关计划试图在瑞典南部、瑞典中部与挪威南部之间建立一个完全嵌入式的三终端连接网络，并在比利时与德国之间、法国与西班牙之间，以及苏格兰与英格兰之间建立起双终端连接网络。

HVDC 使用方面的最新成果包括“基于电压源型变换器的高压直流输电”(voltage source converter-based HVDC，VSC-HVDC)。这种新的 HVDC 方式有不少优点，其中之一是变换器的使用提高了交流电网中无功潮流的控制能力。新方式的应用不仅能够以 HVDC 的形式提供高效的电力传输，还能够进一步提高其所在交流电网其余部分的传输容量。

未来的 HVDC 线路预计将用于在各个国家之间以及国家内部的交流输电网络上输送大量电力，而无须强化交流电网本身。西班牙与法国之间的电网连接以及瑞典的三终端连接网络正式开启了这种方式的先河。并且，HVDC 和 VSC-HVDC 技术在很大程度上是可用的，文献（Arrillaga，1998；Kimbark，1971）中描述了基于晶闸管的高压直流输电技术。文献（Padiyar，2011；Arrillaga et al.，2007）则对 VSC-HVDC 技术进行了描述。文献（Arrillaga，1998）也对高压直流输电在提高系统稳定性方面的一些应用进行了讨论。未来的主要挑战将是接入交流电网的直流输电线路的规模和运行。FACTS 将在下一节进行讨论，这个领域预计会有很多新的发展。

HVDC 技术的使用仅在一定程度上解决了建造架空输电线路周期长的问题。如果使用直流输电，电缆代替架空线的额外成本要比交流电低，其主要区别在于直流系统中没有无功潮流。然而，就算使用直流输电，电缆仍然比架空线要贵。另外，与架空线相比，地下电缆的维修时间更长。将交流线路转换为直流线路是减少建造时间的一种方法，而且直流线路与交流线路使用的很多组件是相同的。此外，通过在每端增加一个换流站后，该线路能够传输的电力是以前的 2～3 倍，并且不会产生任何交流传输方面的稳定性问题。阻碍这一技术发展的因素仍然是缺乏接入直流输电线路的交流系统的运行经验。

3.2.2 柔性交流输电

3.2.1 小节中，我们讨论了基于电力电子变换器的 HVDC 系统的一种应用模式。同样的技术也可以用于控制交流输电系统中有功功率和无功功率的潮流，我们将其称为柔性交流输电系统（FACTS）。应用于 FACTS 中的设备种类繁多，对于该技术及其应用的详细讨论，参见文献（Acha，et al.，2002；Hingorani et al.，2000；Song et al.，1999）。总的来说，这些装置可以分为两种类型，即并联装置和串联装置。

并联装置可以控制无功潮流，并在电压控制中起重要作用。例如，通过控制输电线路上的无功潮流，可以大大降低电压不稳定的风险；或者，即使存在相同风险，也可以传输更多的电能。当前应用于 FACTS 的大多数装置实际上是并联接入的，其中典型代表如静态无功补偿器（static var compensator，SVC），在大型电力电子变换器问世之前，人们通常使用同步电容器（synchronous condenser）来控制无功功率。

串联装置可通过引入串联电压而改变输电线路的阻抗，这样会对有功潮流造成影响。虽然输电系统的传输容量不会直接增加，但这样可以减少流经电网薄弱部分的潮流，反过来等效增加了可以传输的总电量。目前大多数情况下会使用移相变压器（phase-shifting transformer）[或正交升压器（quadrature booster）]来改变有功潮流，如英国也使用相移变压器来控制从北向南的潮流。

电力电子变换器、串联型变换器、并联型变换器，甚至是用于 HVDC 的变换器等，均可用于抑制区域间振荡（inter-area oscillation）、角度不稳定问题的发生，相关应用技术正在开发与研究当中。与 3.2.1 小节提到的 HVDC 一样，这些技术在很大程度上是可以使用的，并主要集中在输电系统设计和运行方面。

3.2.3　动态传输容量

一条输电线路能够传输的最大电量可以通过若干现象来界定。对于在最高电压水平下的长距离连接而言，影响输电极限的因素往往在于不稳定性风险；对于距离较短的线路和较低的电压水平而言，传输容量取决于导体或绝缘体的最高温度。

对于电缆和变压器而言，绝缘体的最高温度决定了传输容量。当温度过高时，绝缘体的老化会加快，从而缩短组件的使用寿命。为防止这种情况发生，只要电流超过限值一段时间，就将手动或自动地断开元件与线路的连接。在选择跳闸电流和时间时，要注意不要让组件的最高容许温度超过当地环境温度。

对于架空线而言，导体温度是关键因素。当导体变热时，它会膨胀并且垂度增加，进而导致导体与其表面之间或导体与物体之间的间隙过小，这样可能会给在电线下方行走的人员带来安全隐患。如果其与树木之类的高大物体靠得太近，也会导致闪络问题发生，直到线路断开后才会消失。如果电流长时间保持过高水平，为防止这种情况发生，就要立即断开线路。电流整定值的设定应使得即使在极端天气情况（高温、低风速和高太阳辐射或日照）下，导体温度也不会超过其最大容许值。一些电网运营商虽然在夏季和冬季使用不同的电流限定值，但实时的天气条件仍未过多考虑。

就“动态传输容量”而言，线路最大流通电流可以根据天气情况来设定。输电线路在寒冷的大风天所传输的电力比在炎热的无风天更多。在大多数情况下，输电线路所传输的电能要大于“静态限值”，但在极少数情况下，其传输的电能要更少。通过这种方式，线路的使用程度要高于静态限值。

动态传输容量的基本原理非常简单，但在大规模应用之前，还需要进行更加深入系统的研究。当前正在研究的主要应用是关于次级输电网层面的风电接入（Etherden et al.，2011；Kazerooni et al.，2011）。在这里，热容量通常会限制可接入的以及预期收益最大的风力发电量。两个尚待解决的重要问题是如何确定实际限值以及由谁承担风险。

首先，基于天气预测和测量值，可以把现有的季节性过载设置方法扩展到每日甚至每小时设置。这需要一定的裕度，起初所需要的裕度甚至要大到足以容忍预测误差以及线路额定功率的变化。尤其是不同位置的风速（影响导体温度的重要因素）差异性很大，这可能会使该线路整体上拥有较高的额定功率，如无风部分的一部分线路的导体温度会过高。

一种更直接的方法是连续测量沿线几个位置的温度和/或导体张力，并将读数作为过载指标或计算线路热额定值的基础，参见文献（Albizu et al.，2011）。直接测量导体与表面或物体之间的垂度/间隙将是未来研究的主题。

要解决的第二个问题是与动态传输容量相关的风险量化和管理。这里的风险主要有两种：某一时刻线路传输容量不足以传输所需电能的风险，以及线路的热额定值被高估的风险。前一种风险可以通过适当利用市场机制（参见第 5 章）或限电计划（参见 4.4 节）来解决；第二种风险需要在预估的传输容量和任一保护或限电计划的临界值之间设置安全裕度来配合解决。

相关的成果包括高温低垂度导体（high-temperature low-sag conductor）。通过使用替代的导电材料，可以抑制导体随温度升高而膨胀。这样一来，即使导体表面的间隙过小，也可以承受更高的温度，并通过更高水平的电流。更换导体可以将线路的传输容量提高 1 倍，并且此类导体已经在多个位置安装到位。使用此类导体时，可采用常用的过载保护设置方法，从而得出固定的或随季节变化的额定值。未来的成果可能包括新型导体与动态传输容量的结合。

3.2.4 基于风险的运行方法

大型输电系统之所以可靠性极高，主要归功于其使用的运行方法，N−1 准则是概括这一方法的最好方式，即任何单个组件的损坏都不应导致任何电网用户的供电中断。任何电网用户都不应注意到在发生短路故障后主输电线路因其保护动作而跳闸，大型发电单元的损失也是如此，这被称为“安全运行”。如果系统在大量组件损坏之后变得不再安全，电网运营商将采取措施使系统在特定时间（如

15 min 或 30 min）内恢复安全运行，其基本原则是“可靠的系统应在大多数情况下是安全的”（Kundur，1994）。

从大多数大型输电系统的高可靠性可以看出，*N*-1 准则的运转情况良好。如欧洲输电系统的最近一次发生重大事件是在 2006 年，北美最近一次是在 2003 年。但是，有两种原因会导致在某些情况下 *N*-1 准则不再适用：

（1）在极端天气期间，单一冗余是不够的；

（2）在天气温和的时候，单一冗余可能会对输电网络的传输容量造成不必要的限制。

从根本上说，重要的不是天气，而是各个元件的故障率。当单个组件的故障率足够低时，无须提供任何冗余；当单个组件的故障率很高时，需要单一冗余甚至双冗余。图 3.3 对此进行了简要描述。有关更多详细信息，请读者阅读有关电力系统可靠性分析的书籍（Billinton et al.，1996；Endrenyi，1979）或有关工程系统的书籍（Barlow，1998）。

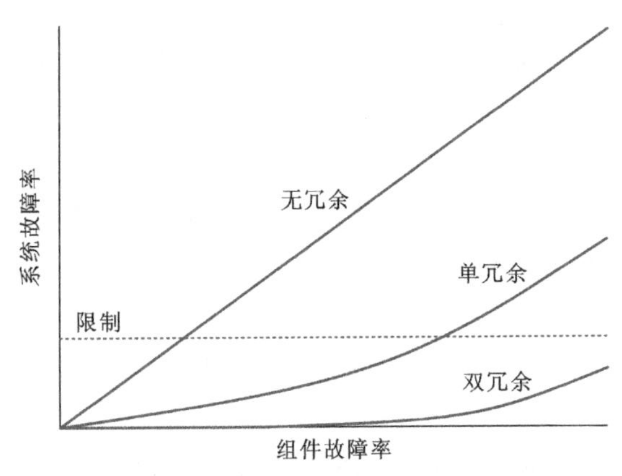

图 3.3　不同冗余情况下组件故障率与系统故障率之间的关系（简化）

对于没有任何冗余的系统，系统故障率（在输电系统中出现停电的可能性）与组件故障率（输电线路、变压器等损坏的可能性）成正比，换句话说，只要组件出现故障，系统就会同时出现故障。如果只有单一冗余，那么只有当两个组件同时停止运转时系统才会出现故障。当电力系统中的某个组件发生故障，将很快开始进行维修。因此，只有当第二个组件在第一个组件被修复完毕之前发生故障，系统才会出现故障。系统故障率与组件故障率的平方成正比，与维修时间成正比。输电线路的故障率通常非常低，但是在暴风雨期间，故障率会增加 1 000 倍及以上。实际上，在短时间内损失两个组件的可能性会变得很高，因此需要在 *N*-1 准则之外提供更多的冗余。

N–1 准则实际上是一种“静态标准”，并且这种情况一直没有改变。有时候，这一准则无法囊括所有情况，有时候又过于累赘。与其设置固定量值的冗余，不如让冗余量随组件故障率而变化。例如：在大风暴期间，应提供更多的冗余；在天气温和且需要传输大量电力的情况下，系统的某些部分可以无冗余运转。图 3.3 用水平虚线对此进行了描述。如果组件故障率低（天气良好），那么不需要冗余，并且系统可以满负载运转；如果组件故障率较高（正常天气），那么需要单一冗余；如果组件故障率很高（极端天气），那么需要双冗余或更多冗余。

智利中部并网系统运行采用的是基于风险的主储备调度（作为频率控制的一部分）。维持储备的总成本加上预计的中断成本已降至最低。主储备电量可以小于最大发电单元的发电量，在这种情况下，*N*–1 准则无法保证系统安全，最大发电单元的发电缺失将导致低频减载（underfrequency load shedding）方案启动。

对于任何动态运行方案而言（如基于风险的运行（risk-based operation）或动态传输容量），在传输容量不足的情况下，对风险进行管理就显得至关重要。需要管理的风险与使用动态传输容量（见 3.2.3 小节）所面临的风险类似，传输容量有可能必须下降到不足以满足电力市场交易需求的程度。在这种情况下，必须对这些交易进行限制，而这么做通常会导致日前市场或平衡市场电价上涨。在某些情况下，对某些用户进行限电是更合适的解决方案。

如果在运营规划期间使用动态传输容量，那么传输容量不足的后果就是无法实现计划的电力传输。这可能导致市场分割，从而导致电价上涨。在这种情况下，风险由所有消费者承担。这也可能导致风力发电场的发电受到限制，从而使风力发电站承担风险。智利的做法是让那些被低频减载方案断网的用户承担风险。

基于风险运行的实际风险是发生区域性或大规模停电。我们永远无法在事情发生之后判定算出来的风险水平是否正确。即使某些事情发生的概率很小，但仍然可能发生。这就引出了主要问题：可接受的风险水平是多少？要想回答这个问题，还需要进行更多的研究，其中一个重要的环节是收集组件故障率随时间变化的统计数据。因为一旦知道了这些故障率，就可以直接计算系统故障率（Bollen et al.，2008）。

将基于风险的运行与快速自动限电方案相结合虽然是一种积累经验的方法，但这种方法无法及时、准确地确定系统故障率。显然，需要在限制发电量和/或用电量之间进行妥善地选择。我们将在 4.4 节重新讨论这一点。

3.3　大型输电网络

前面我们提到了输电系统的主要挑战在于：要在广阔的地理区域内将用电中心与发电中心连接起来，以尽可能地建立基于可再生能源的国际电力市场。在 3.2 节中已经讨论了应对此挑战的方法之一——增加现有输电系统的传输容量。目前还有另外可行的解决方案正在讨论当中，两者都涉及构建一个覆盖整个大陆的输电网络，其电压水平高于现有输电网络。两者之间的区别在于所使用的技术——HVDC 或交流输电（50 Hz 或 60 Hz 交流电），而这两种技术各有利弊。在欧洲，讨论的话题主要是关于高压直流输电网。而在北美和中国，讨论更多是工作电压为 800～1 200 kV 的交流电网。一个重要的原因可能是，如果要将电力从可再生能源最丰富的地区（斯堪的纳维亚半岛的水力发电、不列颠群岛的风力发电和北非的太阳能发电）传输出去，需要跨越海洋。在北美和中国，则不存在这种情况。

在中国，主要的输电需求是从西部资源（水力、风力和太阳能）聚集的地区到东部人口稠密的地区。目前，中国已经提出了三个大型电力走廊（北部走廊、中部走廊和南部走廊）计划，每个走廊的传输容量为 2×10^4 MW。这些电力走廊将由交流和直流输电线路组成。同时提出的还包括许多大型 HVDC 线路，目的是将西伯利亚的水利资源接入中国、韩国和日本等国家的用电中心。最近，一项名为“DeserTec Asia”的计划被提出：建立一个通过若干个东南亚国家并将中国、日本、韩国和澳大利亚连接起来的 HVDC 网络。

在图 3.2 中，我们看到了北海和波罗的海周围现有的 HVDC 线路的分组情况。这种分组直接导致了几年前波罗的海环海电网及近期的北海电网方案的提出。波罗的海环海电网的目的是整合波罗的海周边国家的电力市场，北海电网的目的是将北海周边国家的风力发电、水力发电和用电联系起来。欧盟、挪威输电系统运营商和绿色和平组织等提出了不同版本的电网以及相关的一些提议。所有提议均以北海周围现有的和计划中的线路为基础，并且都限于海底线路，如图 3.4 所示。

为了让这种类型的电网能够正常运转，可通过强化陆地上的输电网络，或者将 HVDC 电网扩展到岸上的方案，以便将电能直接供应到主要的用电中心。类似的计划已经用于横跨地中海的高压直流输电，以便将太阳能发电从北非运送到欧洲。提出的计划还包括覆盖整个北海、欧洲大陆和北非国家的欧洲 HVDC 网络计划。尽管这个想法已经存在了数年之久，但它之所以能够得到广泛关注，是因为

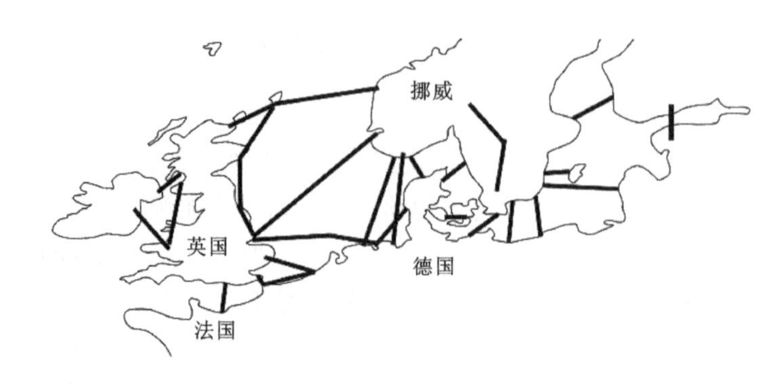

图 3.4　北海电网愿景图

DeserTec 财团计划在北非建立大量的风力和太阳能发电站，并通过 HVDC 网络将电力输送到欧洲。

在文献（Smith et al.，2007）中，提到了美国计划将风力发电渗透率提高到20%的愿景。该愿景的一部分是用覆盖全国大部分地区的 765 kV 电网将风力发电从发电区域传输到用电区域。该国东北城市已有的 765 kV 电网将延伸到整个国家，并将在三个并网系统之间的边界上安装背对背的 HVDC 连接环节。

根据一项覆盖美国东部地区的研究可知，如果要把风力转化的电能从中西部地区传输到东海岸的城市，需要将高压直流输电线路与大型交流集成电网相结合（Corbus et al.，2009）。在这一愿景中，将安装超过 200 000 MW 的风力发电站，其中一半以上将安装在中西部。

3.4　能量储存

临时储存电能可以有效应对发电量和用电量高峰。通过选择正确的电力储存位置，可以增加接入本地电网中的可再生能源电力。总体而言，储能有助于降低峰值负荷，但是在涉及可再生能源和电动汽车等的接入方面，则要按实际情况具体分析。当发电量和用电量两方面都大量增加时，预计双方都将出现高峰，在这种情况下，储能将会更加有意义。

假定通过变压器的潮流变化情况如图 3.5 所示，高发电量和高用电量都可能导致变压器过载，其中，变压器的额定值由上方和下方的虚线标识。当因为用电量过剩而导致流经变压器的电流超过其额定值时，储能应作为额外的发电来源，即应控制储能装置进行放电；反之亦然，当发电过剩导致变压器过载时，储能装置应进行充电。

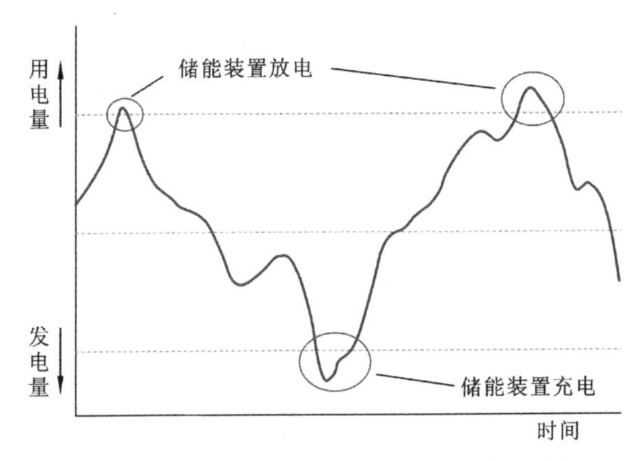

图 3.5　流经变压器的潮流变化（包括储能需求）

在对储能装置进行容量设计和调度时，以下参数很重要：

（1）可以存储的有效电能的容量，即最大和最小能量之间的差值（kW·h）；

（2）最大充电速率（kW）；

（3）最大放电速率（kW）；

（4）充电和放电过程中的损耗（百分比或 kW）；

（5）能量存储过程中的损耗（“泄漏”），包括加热或冷却储能装置所需的能量（kW）。

影响储能决策的因素还包括资本、运转成本、体积、重量和预期寿命等。表 3.1 和表 3.2 对不同存储技术的成本和其他参数进行了总结。数据源于电力储能协会及其他来源。

表 3.1　各种电力存储技术的资本成本比较

技术	资金成本	
	美元/kW	美元/（kW·h）
钠硫	1 000～2 000	200～1 000
液流	700～2 500	150～600
锂离子	700～1 500	800～3 000
镍镉	500～1 500	800～1 500
飞轮	4 000～10 000	1 000～3 000
电化学电容器	200～600	100～200
压缩空气	500～1 000	30～100
抽水蓄能	600～1 500	50～150

表 3.2　各种电力储存技术的其他属性比较

技术	能效	寿命（充放电次数）	密度/（kW · h/m^3）	额定值
钠硫	87%	2 000	200	10 MW，10 h
液流	80%	2 000	25	1 MW，6 h
锂离子	95%	4 000	300	1 MW，15 min
镍镉	60%～70%	1 500	50	5 MW，10 min
飞轮	93%	20 000	15	1 MW，15 min
电化学电容器	97%	30 000	20	1 MW，5 s
压缩空气	75%	10 000	—	100 MW，10 h
抽水蓄能	70%～85%	20 000	—	1 000 MW，24 h

从成本比较的角度来说，最便宜的技术是压缩空气、电化学电容器和抽水蓄能。后面一种技术独占整个市场的原因在于设施的存在时间较长，而且运行成本很低。

从技术比较的角度来说，电化学电容器具有最高的效率和超长的使用寿命。然而，这种技术的能量密度低，而且存储容量难以高于 10 kW·h。电容器适合于在某些电能质量治理场合应用，但难以用于有功潮流的控制。

锂离子电池由于其高效率和高能量密度而在最近几年应用非常流行，4 000 次充放电循环寿命使其非常适合日常使用（10 年以上的寿命）。虽然其成本仍然很高，但是其体积很小，人们对这一技术抱有很高的期望。目前已经有许多大型的镍镉电池和钠硫电池设施投入使用该电池。

阿拉斯加的费尔班克斯有一个基于镍镉电池的设施正在运转，能够在 15 min 内提供 26 MW 的电力，或者在 7 min 内提供 40 MW 的电力。日本北部有一台 34 MW、245 MW·h 的风能稳定装置。其他还包括英国的 12 MW、120 MW·h 的储能设施；美国电力（American Electric Power，AEP）公司在美国运行的有 1 MW、7.2 MW·h 的钠硫电池储能设施，包括在三个不同地点安装的 2 MW、14.4 MW·h 的储能设施。

如果一家综合性公用事业公司既可以连接电网又可以连接发电站，那么可以选择采用抽水蓄能或压缩空气蓄能来输电。但是对于大多数电网运营商而言，他们没有选择。各种类型的电池储能装置更适合于配电网层面的应用，一些欧洲国家也已经开始讨论是否允许电网运营商拥有和运营储能设施。在欧洲，电网运营商被禁止拥有发电设备，由于储能设施将偶尔作为发电设备运行，有人指出电网运营商不得拥有储能设施；另一些人则认为，因为储能设施可以使电网运转更加高效，就像电容器组用于无功补偿一样，所以应当允许电网运营商拥有和运营储能设施。

还有一些相关讨论涉及储能设备的更深层次的应用，如一旦允许电网运营商拥有储能设施，其便可以在低价时段用储能设施为电池充电，而这些电力可用于降低峰值用电量，同时也可以弥补配电网络中的损耗。电网运营商甚至可以在电价高昂的时期出售存储的电能。关于这一做法是否在不同国家的法律允许范围之内，仍处于讨论中。

3.5　有源配电网络

在前述章节中，我们主要讨论了输电层面的应用。在本节中，我们将讨论配电层面的诸多应用，这些应用的背后包含了诸多电信和自动化控制方面的技术成果。这些技术的应用使得新的配电网络保护、控制和运行方式变得更加智能与经济。

3.5.1　配电系统保护

分布式发电以多种形式对配电网的保护产生影响（相关详细信息参见文献（Bollen and Hassan, 2011）及其中的参考书目）。

（1）连接到配电馈线的发电机产生短路时会导致不必要的跳闸。

（2）发电机也可能导致短路电流减弱，从而导致保护而无法跳闸。

（3）发电机本身的保护装置可能无法检测到故障，从而导致非计划性孤岛运行。

前两个因素会导致其他电网用户的供电中断次数增加。最后一个则涉及安全问题，可能导致维护人员受伤和设备损坏。

配电系统的现有保护措施仅基于本地测量。过流继电器将测量到的电流大小与时间-电流曲线进行比较，当电流超过某个值的时间过长时，继电器会向本地断路器发送一个信号使其断开连接。这样可以消除故障，并中断向断路器下游所有电网用户的供电。配电网络中，所有继电器阈值的设置（电流和时间）都在“保护-协调研究”期间进行确定。仅当配电网络发生重大变化时，才对这些设置值进行更新。

目前已经提出了几种更先进的保护方法，其他方法也正在研究当中，但这些方法在电网中示范和实际应用的案例仍然很少。目前正在针对以下方面进行研究并开发更好的保护方法。

（1）仅根据本地测量进行保护，无须与其他位置进行通信。目前正在开发当中的新型方向保护可以借助高级信号处理工具对故障的方向进行检测，使用方向保护可以有效解决上述前面两个因分布式发电而导致的问题。此外，一些示范项目也已经启动，主要用于对在中压配电中使用距离保护的可行性进行研究。

（2）自适应保护（adaptive protection）方法（Thorp et al.，1993）在1990年左右被提出，但是这种方法的大规模应用受限于通信技术的发展水平。保护装置根据本地测量结果做出决定（是否使本地断路器跳闸），但阈值的设置则根据潮流和运转信息（开关和断路器的状态、是否有发电机等）集中进行计算并定期更新，任何必要的更改都会传达给各个继电器。保护协调研究通常每个小时甚至更短时间就会做一次，而不是好几年才做一次。从中央处理器（可能在控制室或高压/中压变电站中）到所有保护继电器以及从中央处理器到数据采集与监控系统之间都需要有一个通信基础设施。但是通信工作对时间的要求并不是很严格，如果通信失败，继电器可能会退回到默认设置。

（3）相比于中央处理器，独立继电器之间可以通过闭锁信号、允许信号和联动跳闸信号的形式进行一定程度的互相通信。例如，当馈线一端的继电器向本地断路器发送跳闸信号时，它还会向与该馈线连接的所有发电装置发送跳闸信号，以防止馈线孤岛运行。同时，该继电器将闭锁信号发送给用以保护同一母线其他馈线的继电器。

（4）继电器根据多个位置的测量结果做出决策。例如，差动保护通常用于重要的母线，在某些国家中也用于输电线。差动保护需要在测量位置之间连续交换数据，它的另一个缺点是需要单独的后备保护，而过流时间保护则具有“内置”的后备保护功能。目前，包括后备保护功能在内的更先进的方案正在研究当中，但仍然需要不同位置之间不断交换数据。

（5）多年来，业界始终希望能够讨论出一种用于输电系统保护的折中办法，该方法是让本地保护仅使用本地信息来处理最严重的故障，同时基于多个位置的信息采用更加全局性的方案来处理轻微的故障，并提供后备功能。该方案同样适用于分布式发电的配电网络，基于本地测量结果的一次保护设置能够快速清除所有严重故障，同时最大程度减少不必要的操作。基于全局测量结果的二次保护将允许系统有更多的时间做出决策，因为严重的故障已被一次保护排除。二次保护的设置可以使跳闸失败的可能性足够低。这种方案可以与自适应保护结合使用，定期对一次保护和二次保护的设置进行重新计算。

除上述关于配电网络保护的发展成果外，还有众多关于输电网络保护的研究和开发工作正在进行中，而其中很大一部分的宗旨都是让保护措施更快、更可靠。一旦功角稳定性（angular stability）成为输电线路或输电走廊传输容量的主要限制因素，提高保护速度就能够提升安全的传输容量。更加可靠的保护将有助于从整体上提高所有电网用户的供电可靠性。

3.5.2　电压控制

通常采取以下方法将配电网络中的电压保持在可接受的范围内。

（1）高压/中压变压器上的自动（有载）分接开关（tap changer）将该变压器的二次侧电压控制在分接开关控制器的死区内。一些电网运营商使用线损补偿来调整死区的位置以适应馈线的负载率。这样一来就能连接更多的负荷和/或更长的馈线，基本控制原理基本上类似。

（2）有些配电变压器的匝数比与中压和低压之间的标称电压之比有所区别，这将导致低压网络中的电压升高。例如，变压器的匝数比为 10.5 kV/400 V，而标称电压为 10 kV 和 400 V，其结果是低压侧的电压比中压高 5%（占标称电压的百分比）。这也称为无载分接开关。为此，一些电网运营商改为使用串联升压器（如变比为 1 : 1.05 的变压器）。

（3）电缆和架空线的长度会受到限制，这在中压和低压网络中都是一样的。

其原理如图 3.6 所示。实折线表示在最小与最大负荷之间沿中压馈线的电压降；垂直虚线表示连接到低压电网的两个用户（A 和 B）的电压幅值范围。

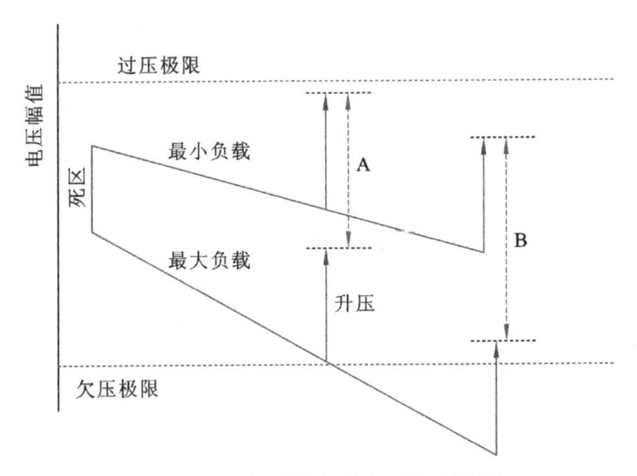

图 3.6　配电网络中的电压控制原理

有载和无载分接开关的设置以及馈线长度的设计应使电压幅值始终保持在欠压极限（undervoltage limit）和过压极限（overvoltage limit）边缘范围内。对于负荷而言，电压超出此范围太长时间是无法接受的，所有用户不论是在最大负载期间还是最小负载期间都应满足此标准。增加输送到馈线上的发电量将降低最小负载（甚至可能使最小负载变成负数）。图中，这种情况表示为最小负载曲线向上倾斜。对于用户 A 而言，很少的分布式发电就将导致电压超过过压限值。同样，用电量的增加将使最大负载线向下倾斜，从而使用户 B 的电压降至欠压极限以下。

在上述两种情况中，通常的解决方案（见 3.1 节）是增长或缩短馈线。虽然这种解决方案仍在使用中，但是已经有好几种替代方法正在研究和开发当中。以下是其中一些替代方法的简要概述，涉及市场原则和限电的方法将在第 4 章讨论。在本小节中，我们将仅讨论不对发电产生影响的方案。

对于由于分布式发电而产生的过电压而言，一种直接的解决方案是将发电设备纳入电压控制中。这种方法对于带有电力电子装置或同步机接口的设备理论上是可能的。所研究的方案几乎都仅涉及对无功功率的控制，某些方案还涉及短时间内对有功功率的控制。

对于发电机而言稍微简单的方案就是消耗一定量的无功功率，使其完全补偿由于注入有功功率而引起的电压上升。在这种情况下，发电机对电压变化的影响很小。其缺点是将产生额外的无功潮流，导致配电网络的负载率和损耗更高。

接下来是借助无功功率控制能力来直接控制发电机与配电馈线连接处的电压幅值。文献中提出并研究了好几种解决方案，而无论是哪一种方案，发电机的电压控制与其他自动电压控制之间的协调都起着至关重要的作用。分接开关的控制速度很慢，通常需要几秒钟到几分钟。当分布式发电机的反应速度比分接开关快时，最终的结果可能是注入大量无功功率并将其输出到输电系统。为了防止这种情况发生，发电机控制速度应该比分接开关慢，或者需要有某种协调机制。

协调电压控制（coordinated voltage control）的最常用方法是让中央控制器计算不同控制设备的最佳电压设置。这种方案也被称为电压-无功控制（volt-var control）。该方案包括自动分接开关、电容器组、分布式发电机以及电压控制中涉及的任何其他变换器。优化通常是指实现过压和欠压极限以及线路、电缆和变压器负载极限所设定的边界条件内的损耗最小化。这种方案对通信非常依赖，它需要获取电网用户并网点上的电压水平相关信息，并将电压设置传达给各个控制器。

在某些方案中，工作电压保持在可接受范围内较低的水平。这种方法能减少多种设备的功耗，从而提高能源效率。但是，这种方法不适用于加热或制冷负载，以及某些现代照明设备。对于此类负载而言，用电量不取决于电压，但是较低的电压幅值将导致电流和损耗增加。在北美进行的研究和示范项目表明，大多数馈线的电压控制协调可将用电量降低好几个百分点。

如果一个方案对通信的要求不高，那么就需要使用下垂曲线，这种控制方式下无功功率的发出和吸收均基于本地电压。如果电压高于设定点，那么会消耗无功功率；如果电压低于设定点，那么会产生无功功率。这种方案可以结合一个相对大的死区，死区内无须电压控制。

3.5.3　微电网

在提到微电网时，通常把它当成一种将分布式发电接入电网和电力市场的方式。微电网的初衷是基于分布式发电的使用来创造更多的经济优势，以此消除分布式发电发展的若干经济方面的阻碍。设想的两个主要应用是提高可靠性并参与电力市场。文献（Deuse et al.，2009）中阐述了微电网设计的初衷和初期成果。

不同的作者对微电网的定义不同。根据文献（Chowdhury et al.，2009）的描述，微电网是一种以热电联产为主要发电形式，并为一个或多个电网用户供电的小型低压供电网络。文献（Hatziargyriou，2008）给出的定义则更为广泛：微电网是一种低压配电系统，具有如微型涡轮机、燃料电池、光伏阵列等分布式电源，同时带有储能装置和可控负载，可提供强大的电网运行能力。根据文献（Kroposki et al.，2008）的描述，微电网包含至少一种分布式电源及相关负载，并且可以在配电系统中形成孤岛。将微电网仅仅局限于低压电网似乎已经没有太大的必要，事实上，已经有人正在对应用于中压场合的微电网进行研究和实验。

文献（Driesen et al.，2008）把微电网分成三类，即公用事业规模的微电网、工业和商业微电网，以及远程微电网。远程微电网所处的位置非常偏远，与电网的其余部分没有任何连接。它可能是岛上的电网，也可能在其他非常偏远的位置。这套系统已经存在了很多年，通常包含一台或多台灵活的发电机，这些发电机使用化石燃料（通常是柴油）进行电力频率控制。如果增加可再生能源和储能，将减少柴油消耗。这一做法不仅减少了二氧化碳（及其他有害气体）排放，而且由于将燃料运输到偏远地区的成本较高，还可以节省大量资金。

工业和商业微电网位于电网用户内部，这些用户既可以是工厂，也可以是商业建筑，如大学、购物中心或政府机构建筑。这一类型的微电网将在 5.7.7 小节进行讨论。在本小节中，我们将仅讨论公用事业规模微电网。在这种情况下，各个电网用户会共同推动配电网络的运行。公用事业规模微电网受电网运营商的控制，电网用户自愿或根据连接协议的要求参与电网运行。电网用户也可以在电力市场上合作，进而形成一个虚拟发电站，无论他们是否属于同一个公用设施规模的微电网。

丹麦输电系统运营商Energinet开发的电池控制器概念（Martensen et al.，2011）就是一个很好的微电网（实际上这种电网规模很大）案例。电池控制器让本地配电网络与输电网络之间的无功功率得以保持恒定。控制器的设定点由输电系统运营商确定，控制系统安装有150/60 kV变压器，并与变压器下游的所有发电站（10 kV和 60 kV）保持通信。控制系统从发电站接收信息，并发回控制命令。该控制系统的测试于2008年完成，整个配电网络中包含10.8 MW热电联产和4 MW风力发电（Lund，2008）。2010年11月对此微电网进行了更大规模的测试，连接的有28 000个用户、4座热电联产发电站和47台风力机组。最终测试定于2011年7 月进行，测试成果将应用到丹麦博恩霍尔姆岛上的微电网中，并作为欧洲整体项目的一部分。其他欧洲项目还有更多的微电网实验已经展开，包括好几个针对公用事业规模微电网的实验。

所有参与实验的公用设施规模的微电网都具备一个重要特性，即它们是独立于主电网的受控孤岛，对微电网的研究大多数都集中在与此相关的控制问题上。受控孤岛运行的目的是提高向电网用户供电的可靠性。除文献中阐述的各种技术难题外，还涉及一些非技术性的问题。其中之一就是谁对孤岛运行期间的供电连续性、电压质量和安全性负责？是由电网运营商负责，还是由参与微电网孤岛运行的电网用户负责？另一个监管问题是关于供电连续性统计数据，即如何看待孤岛运行以及在孤岛运行期间对用电和发电进行的强制限制？一旦电价与这些统计数据关联起来，这一问题就会变得极其重要。

3.5.4 自动恢复供电

当电力系统中的某处发生故障时，电力系统保护装置将打开一个或多个断路器，进而通过移除故障组件来清除故障。如果故障发生在电力系统的放射状运行部分，那么断开断路器也将导致故障组件下游的所有电网用户都遭遇断电。

如果电网的运行和设计都是放射性的，那么恢复电网用户供电的唯一方式就是修复故障组件。实际上，许多架空配电网都会尝试进行一次或多次自动恢复。这些“重合闸操作”的成功率达80%或更高，因为架空配电网中的许多故障都是暂时的，几秒钟后就会消失（Bollen，2000）。

那些带有地下电缆的电网、电压等级较高的电网以及负载密度较高的区域电网，基本上都是闭环设计，以放射状方式运转，这样可以在故障组件修复之前恢复供电。这种方案对于地下电缆尤为重要，因为地下电缆的故障定位和修复可能需要几天时间。图 3.7 中的网络图简要解释了手动恢复供电的基本原理，图中所示的中压电网由多个放射状运转的馈线组成，这些馈线源自两个高压/中压变压器（标记为 T1 和 T2），这些馈线的末端通过常开开关（标记为 N/O）连接。

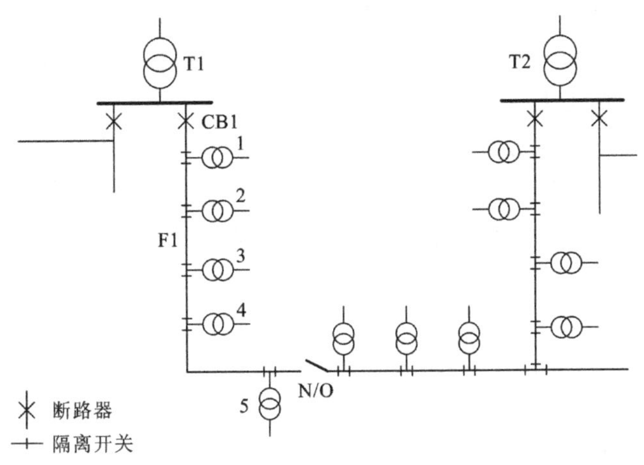

图 3.7　放射状运转的网状配电网络

假设故障发生在位置 F1，一旦断路器 CB1 的保护装置检测到故障，断路器 CB1 将断开并清除故障，从而导致由配电变压器 1～5 供电的所有电网用户都遭到断电。架空馈线会尝试进行一次或多次重合闸，而地下电缆则不会。如果重合闸之后故障仍然存在，或者发生故障的是地下电缆，将派出维修人员对故障进行定位。中压馈线上的每个隔离开关都带有故障电流指示器。在这种情况下，断路器 CB1 与故障位置之间的 4 个指示器都将显示故障电流。通过这种方式，我们发现故障发生在变压器 2 与 3 之间。故障位置两侧的隔离开关断开，断路器 CB1 闭合，常开开关也闭合。这样，所有电网用户都可以在故障组件修复之前就恢复供电。配电变压器 1 和 2 通常由 T1 供电；变压器 3、4 和 5 由 T2 的备用线路供电。

所有的读数和开关操作都是由维护人员在配电变压器处手动完成的。在距离相对较近的城市电网中，可以在 30～60 min 内完成操作；但是在距离较远的农村电网中，定位故障区域并执行开关操作可能要花费几个小时。使用通信和自动化技术可以大大减少中断持续的时间。

第一步，即通常被误认为是配电自动化（distribution automation），是指在配电变压器与控制室之间建立通信。断路器的断开和过流指示器的状态都会传达给控制室。控制室可以根据这些信息，立即派遣工作人员前往正确的位置。与此同时，使用可以远程控制的隔离开关和常开开关，便可以在控制室远程恢复供电。这样，大部分断电的持续时间可以缩短到 30 min 以内。虽然只是几个简单的开关操作，但可能需要花费很长时间，而且实际配电网络的结构要比图 3.7 所示的复杂得多。一般而言，在进行下一次开关操作之前，还需等待恢复性涌流的衰减。

下一步则是实现供电恢复流程的完全自动化，这也是近期诸多研究和开发项目所关注的问题。虽然来自断路器和过流指示器的信息不会传递到控制室，但是会传递到对执行哪些开关操作有决定权的自动系统。借助自动供电恢复系统，预计中断时间将缩短至几分钟。当中断时间少于 3～5 min（取决于当地规则）时，中断将不再被视为正常供电连续性数据的一部分。这种情况可以算作短暂的中断，但是这些中断几乎不会对电网运营商造成经济上的影响，这将给予电网运营商足够的动力来投资自动供电恢复系统。

3.6 监　　控

电网引入许多新技术的间接积极影响在于，电压和电流的测量已比过去更加普遍，尤其是在较低电压水平下，这在过去是罕见的。除诸如电能质量监测器（power-quality monitor）和扰动记录之类的专用设备外，收集测量数据的还包括现代化保护继电器、电力电子控制器和现代化电表（智能电表（smart meter)），测量数据将有助于开发多种类型的监控设备。

监控应用反过来可以帮助解决各种挑战，本节将重点讲述其中的若干示例。某些方案可以完全基于现有的测量设备，而其他方案可能需要其他测量设备。

智能电表（如传统的法拉利电表）不仅可以测量累计能耗，还可以记录短时间间隔（如 15 min 或 1 h）期间的能耗。消费者可以使用详细的用电量数据对其用电进行分析。用电高峰可能与某些特定的生产或其他活动相关。在绘制了用电示意图之后，最重要的一步便是根据用电量数据得出如何减少用电量的方法。对于家庭和办公室用户而言，可以制定行业规则或自动学习技术来简化此过程。对于工业设施而言，手动操作可能会更有效。

消费者的主要动机是省钱，而对社会的影响则是能源消耗的减少。

如果采用基于使用时间的电价或峰值负载电价（peak-load tariff)，那么这些数据还可以省下更多的钱。这一做法甚至能够减少申购的电力，进而省下大量电费。在电网层面来看则是可以降低峰值负载。

具有较高时间分辨率能力的用电数据不仅可供消费者使用，还可以使电网运营商做出更好的投资决策。了解个体消费者（包括任何本地发电站）的实际用电模式，能够让我们准确了解增加新发电和用电主体的可用裕度（消纳能力），不再需要保留任何储备电力以应对现有用电模式的不确定性。这样一来，可以在需要对配电网络进行投资之前，接入更多的新发电和用电主体。

这些数据还能够揭示对电网负载评估不足的情况，不仅可以防止过载，还可以实现更高的供电连续性。

许多智能电表还可以记录连接点的电压幅值。当电压质量不足时，它能够向电网运营商告知新的发电和用电主体的消纳能力，以及是否需要采取额外措施。

专用的电能质量监控器不仅可以记录电压幅值，还可以记录一系列其他的电压和电流扰动。虽然可以从其他测量装置（如保护装置和前面提到的智能电表）中获得更多信息，但是大多数扰动仍需要最先进的专用电能质量监控器进行测量。电能质量监控器能够指示出电压质量何时低于限值，并用于估算可以接入多少新的发电和用电主体。

大多数输电网络采用扰动记录仪（disturbance recorder）（也称为故障记录仪（fault recorder）或数字故障记录仪（digital fault recorder））进行事后分析，尤其是电力中断的事后分析。对记录数据的分析大部分是手动进行的，如果采用自主分析的方式，那么能够更加高效地使用所有电压水平下的数据。这样的算法也可以用于电能质量记录数据的分析，如提取有关电能质量扰动原因的信息。

自动扰动分析（来自电能质量仪器或扰动记录仪）也可以用于对偏离电力系统预期的行为进行检测。例如，故障清除时间比保护配合规定的时间更长，故障后的功角震荡幅度比用于评估所需运行储备而进行的模拟中的功角震荡幅度要大，以及分接开关操作次数比正常情况要多或少。

第 4 章 电网用户的参与

在本章中，我们将研究电网用户参与的解决方案。这种参与可能涉及连接协议里的义务性参与以及由电网运营商决定对哪个用户进行限电的限电措施。我们还将讨论更多自愿的限电计划，但即便是自愿限电，仍需处于电网运营商的控制之下。

电网用户的第一种参与方式是由电网运营商制定对发电单元的强制性要求，这也是 4.1 节的主题。接下来，我们将在 4.2 节讨论现有系统中已经发生过的限电情况。在 4.3 节，我们将讨论一种称为联动跳闸的方法，即当线路跳闸时电网用户立即断电。这是一种相当原始的限电方法（后面将以强制性限电代指它），但确实可以提高电网的利用率。关于限电的一些新兴技术、未来应用以及相关的实施问题将在 4.4 节讨论。最后，我们将在 4.5 节展示一些通过限电来增加可再生能源发电量的数据。

4.1 发电单元设置要求

为了能够向消费者提供电能，电力系统需要有发电单元。很显然，发电单元能够提供有功功率，但是发电单元的影响远不止于此。通过控制无功潮流，发电单元在保持电力系统稳定方面发挥着重要作用，这一功能与电压控制密切相关。发电单元还可以确保具有足够高的短路容量（short-circuit capacity），进而有助于限制电压质量的变化，并在发生短路故障时确保保护装置足够快速地启动。发电单元还可以用于确保有足够的运行储备，以便在失去主发电单元或输电线路之后，系统仍可保持稳定。最后，重要的一点是，在系统发生重大扰动（如短路故障、主发电单元或输电线路损坏）时，发电单元必须以可预测的方式运行。

只要电网（线路）和发电单元由同一家公司运营，如垂直一体化的公用事业公司以及许多自主电力供应的工业设施，那么这些问题都能够轻松解决。

发电、输电和配电的分离改变了这种状况。电网的拥有者或独立的系统运营商负责维护电网的可靠性、电压质量和安全性，拥有受管制的垄断权，而发电单元的所有权则移至开放市场。这种做法一开始并没有什么问题，因为为电网提供支持的发电单元所采用的技术已经成熟，而这一技术也已经融入新建造的发电单元的设计和成本考量之中。

新一代发电单元与过去占主导地位的大型常规火力发电和水力发电设备完全不同。在配电层面，新一代发电单元包括热电联产设备、太阳能设备和风力机组。在更高的电压层面，未来将接入风力发电站和太阳能发电站。有了这些设施提供辅助服务，电网不再成为设计的必要环节，而只是需要考虑的成本因素而已。此外，依然有很多技术方面的原因导致这些单元难以发挥作用，尤其在运行储备方面。最后，这些新的发电单元在扰动期间的行为通常是未知的，这种情况不仅出现在风力发电站，也出现在大量小型设备上。

为了防止新的发电单元危及现有电网所有者的供电连续性和电压质量，电网和系统运营商在连接这些单元之前就对其提出了要求，通常要求是由该单元所连接的电网运营商设置的，而小型单元是由配电网络运营商进行设置的。已经有好几家运营商开始对所有发电单元设定要求，即使其连接在低电压网络。配电网络运营商设定的要求旨在维持（本地）供电的连续性、电压质量和安全性。而各个电网运营商及各个国家之间的要求差别很大。在欧洲，对小型发电单元（最大 16 A）的要求设置通常参照欧洲标准 EN 50438（CENELEC，2007），而美国的 IEEE Std.1547（IEEE，2003b）适用于中型发电单元。这些文件中规定的要求如下。

（1）需进行孤岛检测，以防止发电单元为涉及其他电网用户的不受控的孤岛供电。实际上，这会导致用于欠压/过压或欠频/过频的保护设置在电压或频率偏离其标称值过多时将发电单元与电网断开（Bollen and Hassan，2011）。

（2）限制谐波注入及对电压波动的影响。这样做的目的是防止对其他电网用户产生过多的谐波电压和电压波动。EN 50438 给出了用电设备的现有谐波注入限值。

（3）功率因数限制。大多数电网运营商更倾向于小型发电单元的接入，因为它们不会参与无功潮流或电压控制，通常要求其单位功率因数运行。

（4）对于较大的发电单元（IEEE 第 1547 号标准规定为 250 kVA 以上）而言，需要监视其电压、有功和无功功率参数，以使电网运营商随时了解设备状态。

（5）要求设备有一定的抗电压扰动能力，以防止设备频繁跳闸。

针对较高的电压水平，这些要求不仅将作为电网规程（grid code）或连接协议的一部分，同时也作为独立文件由输电系统运营商发布。虽然不同的国家和地区有不同的要求，但欧洲输电系统运营商组织 ENTSO-E 和欧洲能源监管机构 ERGEG 等组织已经开始进行协商（ERGEG，2010b）。以下要求是各个国家和地区正在使用和/或正在讨论的要求。

（1）发电单元保持预期运转状态的频率范围和电压参数的定义。

（2）参与电网无功功率调节的要求，可以是允许的无功功率范围，但也需遵循系统运营商对无功功率的特定要求。

（3）发电单元对负载频率控制的影响，包括下垂设置和对运行储备的要求。

（4）发电单元对短路电流的影响，这对于系统的稳定性、保护的正确动作，以及维持电压质量非常重要。

（5）针对发电单元和电网之间保护设备的要求及相关设置的要求。

（6）具备故障穿越能力，以确保即使在大型发电单元或主要输电线路损坏之后，发电单元仍可对系统提供支持（Bollen and Hassan，2011）。这些要求对于预测发电单元在电网发生扰动之后的行为也很重要。

（7）针对调节能力和提供辅助服务的要求，通常根据系统运营商的要求提供这些功能。

对配电网络要求的基本目标与输电网络不同，有时这些要求甚至相互矛盾。

在配电层面，基本原理是发电单元对电网的影响要尽可能小。这也就是为什么要求发电单元不应参与无功潮流和电压控制，并要求当电压和/或频率偏离其正常值时，发电单元应快速断开连接。在输电层面，基本原理则几乎相反，新型发电单元的运行应与常规发电单元尽可能一致。例如，在输电层面，发电单元必须强制参与无功功率控制。然而，输电和配电的论证方式是一样的，即新型发电单元的存在不应危及其他电网用户的可靠性和电压质量，也不应导致其他电网用户产生额外的花费。

某些电网规程和连接协议对不同类型的发电进行了区分，例如，对风电的要求比对火电和水电的要求低。而其他文件仅针对电压水平和发电单元的容量等一般特性来设定要求。后者是当前的主流方式，因为它对所有发电单元一视同仁，无须区分其使用的能源。但是，请记住这些要求通常是基于现有大型火力和水力发电机组进行设定的。这些技术对于这种设备而言是可行的，并且要求在大多数情况下相对容易满足。

对于类似大型风力发电站的新型发电机组而言，这种技术通常不可用，看似合理的要求可能成为风力发电站接入电网的障碍。从当前的情况来看，似乎现代风力机组的制造商还足以应对这一情况，并且有能力满足这些要求。甚至曾经一开始令人头疼的故障穿越要求也已经在很大程度上得到满足。实际上，这些要求并没有限制大型风力发电站的建设，而是引发了不同方案的研究和开发，以改善单台风力机组和整个风力发电站的故障穿越能力。

虽然现代技术可以轻松满足对于平衡功率和电力频率控制的要求，但依然存在严重缺陷。为了能够参与频率控制和功率平衡，风力发电站需要高于其发电量的储备容量。由于总容量（发电量+储备量）由风速决定，发电站没有办法利用所有可用的风能，而必须采用化石燃料等其他能源进行发电。风力发电站参与频率控制和平衡将导致化石燃料的使用量增加。显然，如果必须从断开风力发电站与电网的连接或者以低于最大发电容量的方式与电网连接中选一个，通常倾向于后者。但是，电网运营商不愿意对不同的发电机进行区分，他们随时会把电力储备的需求分配给所有发电机。

在配电层面，主要挑战仍然是如何满足孤岛检测的要求。现有的方法仍然是对连接点的异常电压和频率进行检测，而电网运营商通常也认为这种方法足够了。然而，很多学者对这一要求进行了研究，但相关成果很少能进入开发阶段。

4.2 限电：现有的应用

限制发电或用电并不是一个全新的课题，实际上，它已成为系统运营商防止系统崩溃的常用手段。在发电侧，一旦电力市场导致系统不安全运转，每个系统运营商都有可能对其进行干预。为了防止输电系统崩溃，主要有两种限制用电的方法：一种是轮流停电，另一种是低频减载。前者在运行安全性不足时使用，后者作为最后的紧急措施。

轮流停电是随机性的。重要的设施理应配置备用电源，但实际中也不一定都进行了配置。供电中断在许多国家是罕见的事情，以至于诸如医院等重要设施的负责人根本不会想到会发生断电。近期的研究成果倾向于不中断那些包含重要用户的馈线，将来则有可能根据个体用户的级别进行优先度排序。在某些国家，系统运营商与某些用户签订了协议，在开始对所有用户进行轮流限电之前首先对这些用户进行限电，这种方法可以进一步应用到可中断负荷市场。

轮流停电的作用是确保系统向某个区域输送电力的过程中出现发电量和/或传输容量不足时的运行安全性。不一定真的要出现发电容量短缺时才采取轮流停电；相反，当发电容量不足且用电量超出预计最大值时，为了提供运行储备，就会采取轮流停电。轮流停电通常是因极端天气相关的高用电需求所导致的。例如，2003 年 6 月 26 日，意大利遭受极端高温天气，导致了轮流停电。又如，2011 年 2 月，美国得克萨斯州极端天气导致许多发电站受损，进而需要轮流停电。当发电容量或传输容量出现短缺时，也需要轮流停电。例如，2009 年 8 月，菲律宾马尼拉的一座大型输电变电站发生大火，因此需要轮流停电。又如，2000 年和 2001 年加利福尼亚州发生电力危机，并因此需要采取轮流停电，其罪魁祸首除干燥的天气外，还有发电容量的短缺。

第二种用电限制方法是低频减载，这种方法只有当其他方法失败之后才会使用。前提是实际发生了发电容量短缺，并且系统频率骤降。为了防止系统完全崩溃，欠频继电器使部分用户跳闸，以便剩余的用电与发电保持平衡。从表 4.1 和表 4.2 中的示例可以得出结论，跳闸的用电量可能占总用电量的百分之几十。在第一个示例中（在佛罗里达州使用）：当频率偏离其标称值 0.3 Hz 时，减载已经开始；当频率下降到 59.7 Hz 以下时，9%的负载断开；当频率下降到 59.4 Hz 以下时，另外 7%负载断开（总计为 16%）；依此类推。不同的频率极限彼此接近，当频率达到 59 Hz 时，总共断开的负载达 56%。

表 4.1　低频减载设置示例：各步骤之间的小裕度

步骤	频率/Hz	延迟/s	负载量/%
A	59.7	0.28	9
B	59.4	0.28	7
C	59.1	0.28	7
D	58.8	0.28	6
E	58.5	0.28	5
F	58.2	0.28	7
L	59.4	10.0	5
M	59.7	12.0	5
N	59.1	8.0	5

表 4.2　低频减载设置示例：各步骤之间的大裕度

频率/Hz	负载量/%
49.0	10～20
48.7	10～15
48.5	10～15

另一个低频减载方法在欧洲并网系统中经常使用。这一方法中频率阈值之间的步长要大得多。当频率从其标称值起下降 1 Hz 时，开始断开负载；当频率下降 1.5 Hz 时，断开 30%～50%的负载。

在大型并网系统中，很少激活低频减载。典型案例如，2009 年 7 月 2 日，澳大利亚一个位置不太好的电流互感器发生故障，导致损失 3 000 MW 的发电容量。通过低频减载断开了总计 1 130 MW 的负载，且所有负载在大约在 1 h 内重新连接（AEMO，2009）。2006 年 11 月 4 日，德国多条线路超载，西欧低频减载共跳闸了 17 000 MW 的负载，进而导致系统解列，并在系统西侧发生大规模发电容量短缺。同时，这一案例中所有用户的供电在 1 h 内恢复。如果没有采取低频减载，这两个事件都会导致几乎所有用户的大规模停电，并且需要数小时甚至数天的时间来恢复供电。

在配电层面，限电的情况较少，但在原则上，也可以使用限电。人们可能会想，损坏的变压器可能需要几个月的时间才能修好，如果在此期间出现高负载情况，电网运营商将不得不采取轮流停电（即限制用电），以防止大量用户用电中断。还有一些电网运营商提供限电电价，这种电价低于正常电价，但相应地，电网运营商要求用户降低负载。

瑞典和芬兰的输电系统运营商可以获取一定数量的保存于电力市场之外的电力储备。一种方法是激活大部分时间都处于备用状态的发电单元，另外一种是减少实际用电需求量。2011 和 2012 年冬季，瑞典的输电系统运营商获取了 1 726 MW 的电力储备，其中 362 MW 是通过减少用电的形式获取的，这些用电量来源于 4 个工业设施和 2 个集中用户。在未来几年中，电力储备的方式将越来越少用，直至完全被需求减少的方式所取代。

4.3 联动跳闸

在某些特定情况下联动跳闸是一种将电力储备从电网转移到电网用户的方法。一旦某个组件发生故障，就可以立即通过减少发电和用电的形式获得运行储备，而无须建立新的线路。联动跳闸的方法已经使用了很多年，它能够让更多的发电主体连接到电网中的某个位置。联动跳闸是指将跳闸信号从一个开关或断路器传输到另一个开关或断路器，用于提升保护操作的响应速度，也称为纵联保护（pilot protection）（Anderson，1999；Horowitz et al.，1995）。这里我们仅考虑当电网中的某个组件发生故障或被移除时，采用联动跳闸断开电网用户（发电或用电）连接的情况。文献（Bakken et al.，2011）中曾使用系统完整性保护方案（system integrity protection scheme）和补救措施方案（remedial action scheme）这两个术语来代替联动跳闸。

4.3.1 工业设施

如图 4.1 所示，这里所说的联动跳闸是用于为工业设施和小镇供电的双回路。我们将首先解释采用联动跳闸来限制用电的原理，其实这种方法一开始是用来限制发电的。

图 4.1　有两种类型用户的双回路

图 4.1 中的双回路为一个小镇和大型工业设施供电。电网设计的经典之处在于，即使只有一条回路，依然能够满足城镇和工业设施的最大用电量。该线路的传输容量是最大用电量的 2 倍。但是，只有当最大用电量发生且一条回路停止供电时，才会用到传输容量。

另一种方法是，当其中一条回路不工作时，用联动跳闸信号来减少用电量。假设工业设施已断开，成功减少用电量。如图 4.1 所示，这意味着将断路器 A、B、C 或 D 的其中一个断开时，也要断开断路器 E。实际上，可以通过在断路器上安装一个触点来实现这一点，这样一来，断路器断开时会自动为断路器 E 创建一个联动跳闸信号。

有了联动跳闸之后，不再需要在线路设计时考虑最坏的情况。取而代之的是以下两种使用中的设计标准：每个回路都应能够满足城镇的最大用电；双回路一起应能够满足城镇和工业设施的最大用电量。如果城镇与工业设施的最大用电量大致相同，那么该线路的传输容量必须为在没有联动跳闸方案的情况下所需传输容量的一半。

引入这种方案可能有多种原因。在新建一条线路时，通常会在设计时考虑到最坏的情况。而联动跳闸只有当线路建成之后在发电或用电发生重大变化时才启动。例如，原本搭建的线路仅用于为城镇供电，而之后又增加了工业设施。强化线路或搭建一条新线路的成本通常由新用户，即工业设施来承担。但传输容量的增长需要好几年，这会延缓工厂的生产，而联动跳闸方案不仅可以节省大量成本，还可以加快工业设施接入电网的速度。

当然，这一方案也有缺点，即工业用户的用电可靠性较低。一旦其中一条回路不工作，则整个工业设施都会陷入瘫痪。因此，工业设施遭受的供电不可用性和中断的频率是单回路配置的 2 倍。由于工业设施需要较高的可靠性，这一方案并不具备长久的可行性。此外，对于某些工业设施而言，供电中断还会产生安全问题，这种情况下联动跳闸方案几乎完全不可行。这么做带来的好处是，中断成本可以用来平衡线路的升级成本，即使采取更多的安全性或可靠性措施需要花费额外的成本，这种方案也值得尝试。当更多的工业用户接入同一个变电站时，可以为愿意接受较低供电可靠性的用户提供较低的电价。这项优惠甚至可以扩展到城镇里的家庭、商业和小型工业用户。这种情况通常需要额外的通信基础设施。

从电网运营商的角度来看，除通信基础设施建设所需的成本外，该方案还有其他缺点。例如，一旦联动跳闸信号失败，两条回路都将无法工作，进而导致整个城镇的供电中断。因此，联动跳闸方案也将降低不参与该方案的用户的供电可靠性。虽然很难准确估计这种情况发生的概率，但是肯定存在风险。还需注意到，即使这种情况发生的概率很低，但此处的电压水平采用 N-1 准则，这意味着任何一次供电中断都是无法接受的。一旦联动跳闸方案失效，电网运营商就将成为供电中断的罪魁祸首，这也是电网运营商或多或少都不太愿意引入这种方案的原因。然而，尽管电网运营商不愿意，联动跳闸方案仍然成为越来越多风力发电站接入电网的首选方案，我们也将在下一小节对此进行讨论。

4.3.2 风力发电站

上面提及的联动跳闸方案也可以让更多的风力发电接入次级输电网络。另外一个双回路的示例如图 4.2 所示。与上一个示例的情况一样，只要断路器 A、B、C 或 D 中的一个断开，断路器 E 就会自动断开。结果是，只要其中一个回路不运转，风力发电站就会断开。

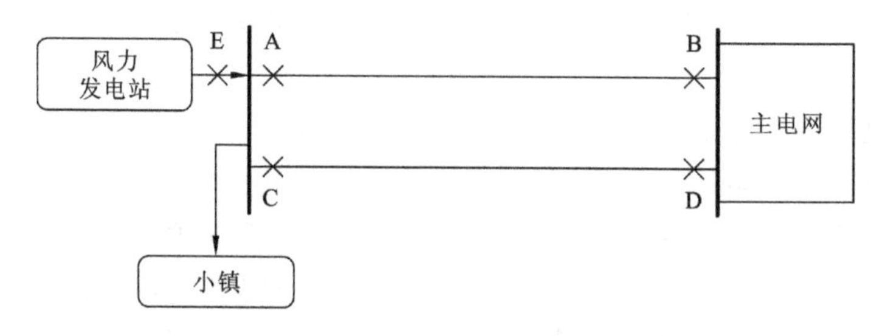

图 4.2 用电和发电的双回路线路

如果我们假设这条线路是为城镇供电的，那么每条回路的传输容量至少等于城镇最大用电量。由于发电和用电此消彼长（实际上，风力发电站只供应城镇的一部分电力），少量的风力发电接入也会减小线路的负载。但是，在低负载和大风期间，一些风力发电的能量会流回主电网，这将会导致线路过载。

这里的设计准则也是一样的，即使一条回路出现故障，线路也应能够在所有情况下为所有用户供电。因此，每条回路的传输容量至少等于风力发电站的最大发电量减去城镇的最小用电量。或者，如果线路是既定的（通常是这种情况），那么风力发电站的最大发电量应小于一条回路的传输容量加上城镇的最小用电量。这也称为电网对新型发电的消纳能力。

联动跳闸方案还可以增加消纳能力，这里不再需要考虑一条回路中断的情况，因为在这种情况下，风力发电站无论如何都是断开的。如果两条回路同时运转，最大发电量可以高达一条回路传输容量的两倍并加上全镇最低用电。因此，增加一条回路的输电容量即可提高消纳能力，而无须再搭建新的线路，除开需要添加一些新的通信连接环节。这种联动跳闸方案的另一个优点是可以很快施工，最多只需几个月，而规划、获得许可以及搭建新线路可能需要数年时间。对风力发电站而言，联动跳闸方案的主要缺点仍然是其较高的不可用性。

4.3.3　网格状电网

在网格状电网中，虽然联动跳闸变得更加复杂，但是仍然具备可行性。图 4.3 和图 4.4 所示在一定程度上阐明了其中的复杂性：A 与 B 之间的双回路是主要的输电走廊，但是一部分电力也流经变电站 C 和 D。根据 4.3.2 小节（Bollen and Hassan，2011）的解释，这可能会导致某种与直觉相反的情况，即降低变电站 C 或 D 的用电量会增加流经 C 与 D 之间的电量。因此，在位置 C 处增加一个风力发电站会降低主输电走廊的传输容量。为了防止这种情况，可以使用联动跳闸方案断开风力发电站与电网的连接，如图 4.3 所示。在某些情况下，可以通过运行放射状电网的某一部分来解决这一问题，如图 4.4 所示。但是，这种方案需要进一步研究。更重要的是，这将降低连接到变电站 C 和 D 的所有电网用户的供电可靠性。

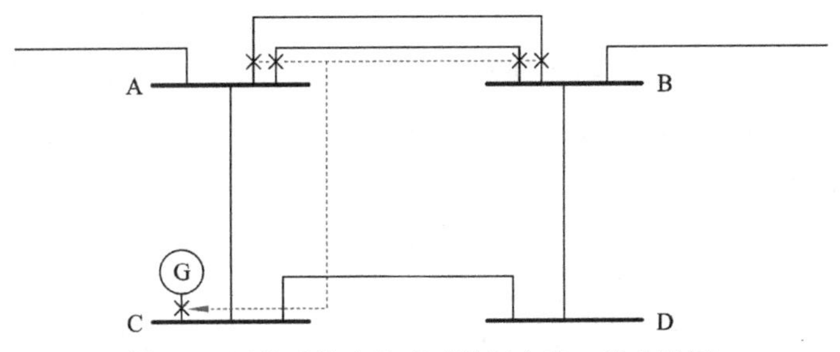

图 4.3　网状系统中的联动跳闸方案：发电跳闸

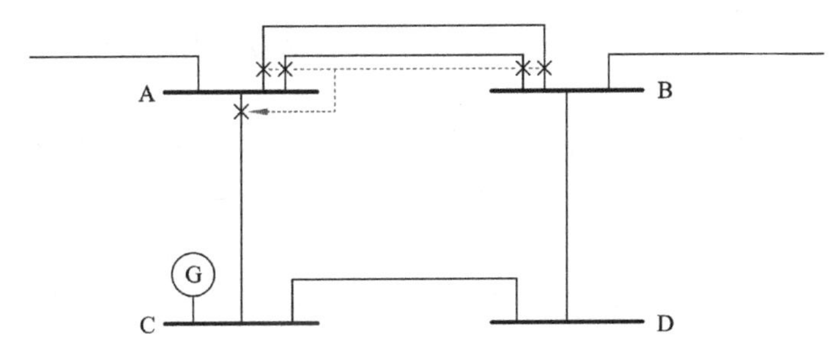

图 4.4　网状系统的替代联动跳闸方案：放射状运行

4.3.4 过载引起连接断开

如前所述，联动跳闸方案的一个主要缺点是，在一个通常采用 N-1 准则的电压水平下，一些用户的供电可靠性甚至比使用放射状馈线时还低。由于减载的原始需求是通过线路的功率超过线路的传输容量，所以不是在每次回路故障期间都使得用户跳闸，而是仅在实际上存在过载风险的情况下才需要断开连接。这一方案的原理如图 4.5 所示。

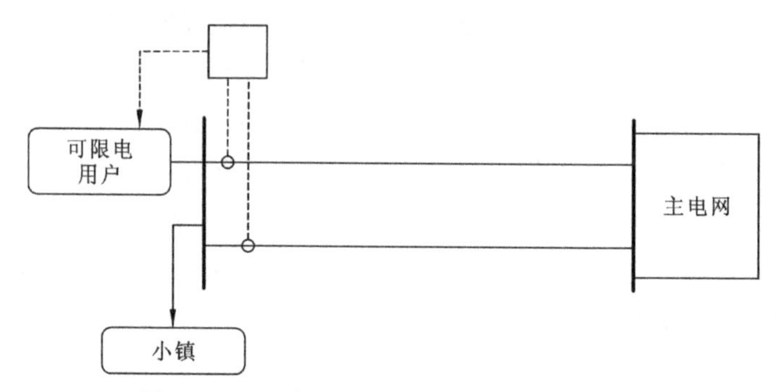

图 4.5 双回路线路中由过载触发的断开连接

在检测到过载时，保护装置通常会使要保护的组件（即线路中的其中一条回路）跳闸，但会导致并联电路进一步过载。通过过载来触发断开连接，能使流经电路的电源断开连接，从而防止故障传播，并将中断限制在一个或多个特定的用户上。这样一来，只有在电路实际过载时才断开连接。对于用电量相当稳定的工业设施而言，过载范围是相当有限的。在图 4.2 中，对于风力发电站而言，该方案可以大大减少需要断开连接的次数。当且仅当只有一条回路在运转，且风力发电站的发电量超出城镇用电量的差值大于一条回路的传输容量时，才需要断开风力发电站的连接。这种情况可能罕见，但是随着风力发电量的增加，这种情况可能会越来越多。

由于过载而触发连接断开的另一个优点是，其涵盖了风力发电站产生的电量过大以至于两条回路都不够用的情况；但这也将进一步降低风力发电站的可靠性。同时，我们还应该注意，当风力发电量很高以至于断开连接时，虽然断开连接的时间很短，但仍然会导致很大部分能量被摒弃，在 4.5 节将用具体数据为大家展示。

4.4　限电的更多应用

4.4.1　防止过载

这里，我们应从广义上理解“过载”一词。它不仅包括热过载（thermal overload），还包括电压幅值超出其可接受范围、由于过多的功率传输导致输电系统不稳定，以及系统的安全运行储备不足。对于不同类型的过载，需要使用不同的方法来进行检测。例如，可以通过测量电流或温度来检测热过载，可以通过测量频率来检测并网系统中发电与用电之间的不平衡。下面我们将针对一些应用场景讨论激活限电的多种方法。

过载检测方法的区别在于，是在过载情况即将发生时启动限电，还是在运行储备不足时启动限电。这一区别已经存在于当前的限电方法中：当运行储备不足时，将启动轮流停电；而一旦过载实际发生，则启动低频减载。

放射状运行的电网没有运行储备，因此只有当过载即将发生时才会启动限电。这种限电措施的启动可以基于组件带载的实际测量值（如在热过载情况下通过电缆的电流）。在许多情况下，不应超出实际的带载极限，因为这可能导致设备严重损坏或发生危险情况。当组件的带载过于接近实际带载极限时，应设置保护机制使组件跳闸。当发生热过载的情况时，这种保护机制需充分考虑时间和电流大小两个因素，即当电流超过一定水平的时间超过一定限值时，组件将跳闸（称为反时限过流保护）。此外，还应在过载保护功能使组件跳闸之前启动限电。图 4.8 和图 4.9 将给出一个针对热过载的示例。

如果通过限电来防止运行储备不足，那么方案的设置将完全不同。该方案仅适用于网格状电网，而网格状电网通常用于对可靠性要求很高的高电压、输电，以及次级输电。在这种电压水平下的供电中断几乎是无法接受的，因此采取一定量的运行储备是常见的做法。为了维持安全运行，限电计划需要对可用的运行储备量以及所需的安全储备量进行追踪。图 4.6 提出了一种可行的限电方案。

系统的运行规则或指南中会设置所需的最低运行储备量。在实践中，通常在出现组件损坏时选择使用运行储备。一旦运行储备量小于最低可接受值，运营商将以各种方式进行干预，以提供更多的运行储备量。在现有的运行规则下，通常有 15 min 的时间可以使用运行储备；但是这种方式的前提是大家都了解出现运行储备不足的情况罕见。当系统的运行接近其安全极限时，突破最低运行储备电量

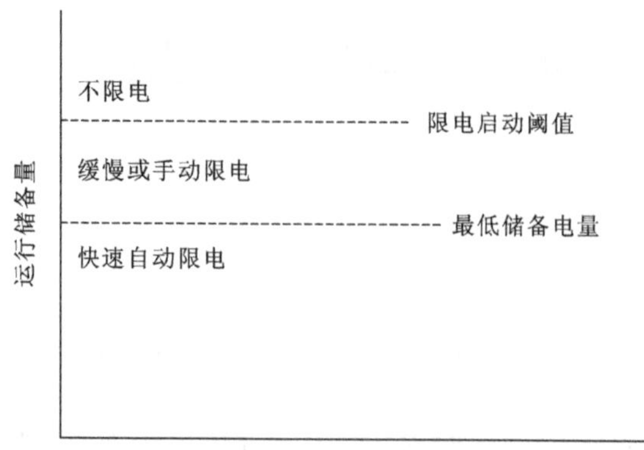

图 4.6　为了维持足够的运行储备而启动限电的阈值

的情况会更加频繁，因此 15 min 已经不足以恢复运行储备。而在限电方案中，一旦储备电量低于最低限值，将自动、快速地对发电和用电进行限制。接下来，就把储备阈值设置得更高，一旦超过阈值，就会启动限电，但往往通过缓慢或手动的方式启动。上述的 15 min 规则对于较高的阈值可能仍然适用。

限电方案将要做出的下一个决策是确定需要限多少电。在这里，我们将区分强制性限电和柔性限电。强制性限电是指一个或多个电网用户完全断开连接；而柔性限电是指为了将负载维持在设定的限值下而进行一定量的限电。强制性限电很容易实现，实际上，4.3 节讨论的联动跳闸方案就属于强制性限电；柔性限电的实施需要进行计算，以确定最小限电量应为多少，这需要操作人员非常熟悉系统，才能找到限电量与减少负载之间的关系。如果使用限电来防止放射状电网中的过电流，那么很容易计算所需的限电量。但是，对于其他参数以及针对网格状电网而言，计算可能会相当复杂。在实施有效的限电方案之前，需要结合系统稳定性快速评估，以制定一套基于风险的运转方法，具体见 3.2.4 小节。

有一种替代方法是使用如图 4.7 所示的控制算法。这种方案将从电力系统的测量中获得的过载指标与限电启动限值进行比较，当过载指标超过限值时，将向

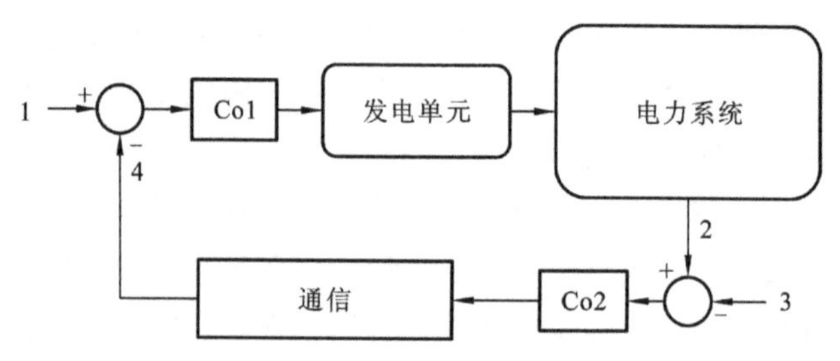

图 4.7　柔性限电控制系统

1：发电；2：过载指标；3：限电启动限值；4：限电信号

发电设备传递限电信号。控制器 Co2 是非线性控制器，只要过载指标小于限电启动限值（启动限电的商定值），其输出值即为零。限值越大且时间越长，则系统的限制能力越强。通过对两个控制器（Co1 和 Co2）的调整应使得反馈环路保持稳定，且 Co1 之后的升载率不会损坏发电设备，还应使组件的带载率维持在低于约定过载曲线的水平（如过载保护的设置）。

4.4.2　放射状电网中的热过载

热过载是放射状电网中电力传输的主要限制因素。随着新发电和用电主体的增加，在需要对主要基础设施进行投资之前，能接入多少装置主要取决于架空线、地下电缆和变压器的热容量。延迟投入或完全不投入可以节省大量资金，当然，这么做的前提是假设存在一种性价比很高的替代方案，如限电。针对热过载设计限电方案的步骤如下。

（1）选择过载指标。

（2）协商并确定过载启动限值。

（3）决定限定的范围及限定的程度。

现在举一个使用限电算法防止变压器过载的示例，当通过变压器的电流过高且持续时间过长时，限电算法将减少用电量或发电量。设置算法时，应最大限度地减少干扰（即限电量），但同时，限电速度应足够快，这样才不会因变压器的过载保护使得变压器停机，这是一个典型的保护配合问题，具体如图 4.8 所示。

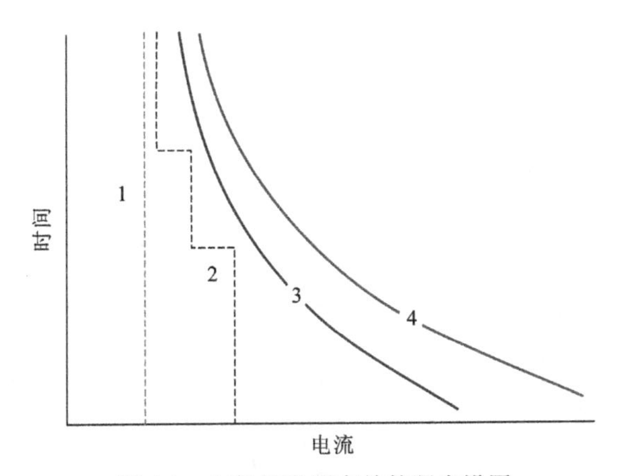

图 4.8　与保护设置有关的限电设置

1：最大允许负载电流；2：限电设置；3：过流保护；4：实际热限值

变压器的热过载是一个相对缓慢的过程。例如，针对短路保护所设置的值是额定电流的 2 倍且持续 30 min（IEEE，1993）。但是，一旦确定了过载保护的设置，就必须根据这一限值进行限电。对于强制性限电而言，超过图 4.8 中曲线 2 的限值就会导致一个或多个用户或用户侧设备立即跳闸；对于柔性限电而言，限制的电量会少一些。

限制发电是一种分担风险的方法，因为发电单元要远离电网运营商及其他电网用户。然而，这存在一个确定的风险，因为技术可能没有实现预期功能。如果有潜在的过载或过电压情况发生，而一旦限电措施无法按预期工作，则无法对发电进行限制，其他电网用户也可能会遭遇断电。尽管发生这种情况的可能性很小，但后果可能会很严重，尤其发生在输电层面时。对新技术失败产生后果的恐惧也可能成为新技术引入的阻碍。减小新技术失效后果的可行解决方案是增加额外的保护。再次以放射性电网中的变压器过载为例，其保护配合如图 4.8 所示。如果限电措施不起作用（曲线 2），那么下一项保护措施将是过载保护（曲线 3），从而导致变压器跳闸，并且很可能会中断变压器下游所有电网用户的供电。为了防止这种情况的发生，可以额外安装一个过流继电器来保护变压器，如图 4.9 中的曲线 5 所示。但是，该继电器不是让变压器跳闸，而是让变压器下游的一个或多个风力发电设备跳闸。

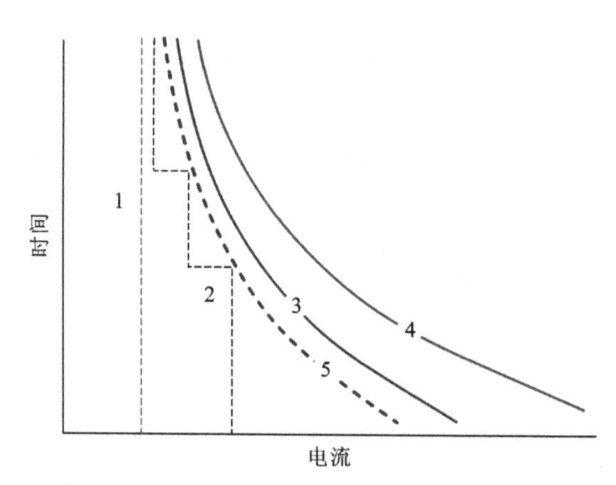

图 4.9　额外的保护（曲线 5）可防止限电失败而导致的变压器跳闸

安装额外的保护需要在限电准则（曲线 2）与变压器的实际过载保护（曲线 3）之间留出更大的裕度。将曲线 3 向右移动会增加电网运营商及其他电网用户的风险，而这种风险是我们要避免的。一旦裕度不足，唯一的解决方案是将限电曲线（曲线 2）向左移动。这样不仅会导致限电失败，进而增加发电损失的可能性，还会导致更多的大规模限电。但是，这种方法至少在前期是需要的，它让电网运营商能够大规模实施可接受的限电。

4.4.3 网格状电网中的热过载

网格状电网中的过载检测与放射状电网中相同。这里，实际电流、动态电流极限、温度或导体垂度的估值都可以用作过载指标。而一旦检测到过载，情况将完全不同，可能的限电计划如下。

（1）通过所有线路的有功和无功功率都受到持续监控。此外，天气参数也受到监控，以便知道通过每条线路的最大允许电流。

（2）计算任何单条馈线断电对通过其他线路潮流的影响。

（3）当这些线路中断导致任何其他线路超过最大允许电流时，必须在该线路中断时启动限电，并对限电生产和/或消费的需求进行详细计算。

（4）所需限电的信息将通过该线路传达给断路器。当打开该线路的断路器时，本地限电数据将用于向相关电网用户传送限电信号。

这里提到的方案不仅适用于架空线路，也适用于地下电缆和变压器。相对而言，天气参数的影响较小，因此通过动态增容获得的增益会少一点。一旦在上面的步骤（3）中检测到可能的过载，而没有进行适当的限电，电网将不再安全。在这里，限电是将电网中的电力储备传输给电网用户的一种方式。

4.4.4 辐射状电网中的过电压和欠电压

在农村配电网中，限制电力传输的不是馈线的热容量，而是电压降。连接分布式发电时，由于电压升高，也可能出现过压。和之前一样，限电方案依然要考虑三个问题，即过载指标的选择、过载启动的限值和限电量。

电网用户终端的实际电压大小是最佳指标，当其中一个电网用户的电压超出可接受的限值时，应启动限电。

当过电压发生时，最简单的选择是接受过电压造成设备损坏的有限风险，并允许分布式发电的数量增加。文献（Bollen and Hassan，2011）发表的研究表明，接受短时间内的过电压（小于1%）将使主机容量增加50%～100%。这实际上可能是最具性价比的解决方案，因为过电压导致设备损坏的风险将由其他电网用户承担，而分布式发电的所有者和网络运营商只会在此过程中受益。

第二种选择（对应于强制性限电）是为风力发电设备配备过压保护。当电压幅值过高时，过压保护会断开发电单元。当电压在足够长的时间里远低于限值时，电力生产会被重启。重新连接标准的选择是在限制生产中断的持续时间与风力发电的连接和断开导致的电压重复性快速变化的风险之间做出权衡。这种方法（在这种情况下是过电压）给分布式发电的所有者带来系统过载的风险，而过电压导致设备损坏的风险仍然很小。如果这种限电经常发生，那么会对新型发电单元的发电量产生很大影响。如 4.5 节和文献（Bollen and Etherden，2011）中所示，对于风力发电而言，当装机容量过高时，发电量将会减少。然而，对于适度的装机容量，这种强制性限电将增加发电量。

过压保护是大多数反孤岛保护方案的一部分，它在过压发生时通过跳闸装置来防止过压。根据电气和电子工程师协会标准 IEEE Std. 1547，长期过电压幅值（超过几秒钟）的限制为 110%，而欧洲标准 EN 50438 中设定的限制为 115%。在欧洲，这一限制根据国家规定的数值在 106%与 120%之间变化。这些设置旨在防止设备因不受控的孤岛效应造成的过电压而损坏，还可以防止设备在正常运行过程中出现损坏。但是，过于严格的设置可能会限制分布式能源接入电网。在本节的剩余部分，我们将认定还有其他方法可以防止不受控的孤岛现象发生。

另一种替代过压时控制设备完全跳闸的方法是，随着电压的增加逐渐限制电力生产（Bollen and Hassan，2011）。该方案的控制原理如图 4.10 所示，其中实线表示该发电单元输出功率与该单元和电网连接处电压大小之间的关系。生产能力的变化导致曲线上下移动，当低于某个电压值 U_{ref} 时，发电单元的产量不会减少，并尽可能生产更多电能；当高于电压上限 U_{max} 时，发电量被限制为零。在这两个阈值之间，发电量将被限制。最终，分布式发电量的动态调节使得电压不会超过上限 U_{max}。

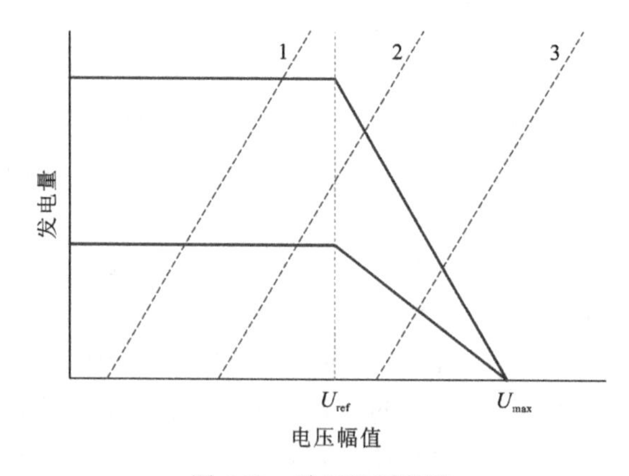

图 4.10　过压限制原则

1：高消耗；2：中等消耗；3：低消耗；上曲线：高产量；下曲线：低产量

虚线给出了注入功率与电压幅度之间的关系，坡度取决于连接点处的电阻。与水平轴的交点是没有本地发电量的电压值，这些曲线随着不同的耗电量向左或向右移动。在这个例子中：在高耗电、中等耗电和低发电时都没有进行限电；在高发电和中等耗电时进行一定的限电；在低耗电量时进行严重限电。即使在低消耗时，限电更多是为了高发电量，而不是低发电量。

当根据图 4.10 设置过压保护或限电方案时，应考虑其他电网用户所经历的电压幅度与发电机终端不同。因为可能出现后一种电压低于其他地方电压的情况，即一个或多个电网用户有过压，但发电机没有过压。当发电机连接到中压网络时，这种情况将更有可能发生。所有中压/低压变压器的变压比并不相同。为了补偿中压馈线的电压降，这种变比差值可高达 5%。在一些国家，也会使用升压器以达到相同效果。例如，当中压网络中的电压为标称值的 107%时，对于低压用户来说，电压可能为标称值的 112%。为防止这种情况发生，过压保护的设置应比低压用户可接受的最大电压低 5%，但这也可能导致不必要的过度限电。

如果在这种情况下使用柔性限电，那么限电永远不会超过其实际需要的值。这需要对电网用户附近的电压幅度进行广泛测量，并将每个测量位置的电压幅度与过压限值进行连续比较，只有当电压幅度超过极限时，才会生成一条消息并发送给中央控制器。该控制器计算所需的限制量，并将其传达给要限制的生产单元，图 4.7 所示的控制方法便可以用于此。这种限电方案需要一个覆盖大量电网用户的通信基础设施。然而，实际的信息交流却是有限的，通信网络的接入时间要求在很大程度上取决于所使用的过压限值。

启动限电的实际电压将取决于网络运营商必须遵守的过压限值以及终端用户设备对短时间过压的免疫力，其中很可能包括时间-电压关系，对于较高的过电压则需要快速进行干预。

4.4.5　配电网中的能量储备

限电的一个重要优势与许多配电网的设计方式有关。尽管配电网是放射性运行的，但它们通常具有网格状结构。这允许在部件不能维修或维护时使用备用容量。架空线路的修复相对较快；损坏通常清晰可见，并且可以很容易地接近线路。然而，修理地下电缆和变压器可能需要很长时间。为了防止用户在这些长时间的维修过程中断电（最坏的情况是几天甚至几周，大型变压器的严重损坏有时甚至需要数月才能修复），需要一条备用的供电路径。同样，在这里，能量储备的存在限制了可再生能源并网的发电量。

例如，考虑图 4.11 所示的情况，中压配电网由两个高压/中压变压器供电，变压器负载侧的母线断路器通常是断开的，但是当断路器闭合时，同样的推理成立。

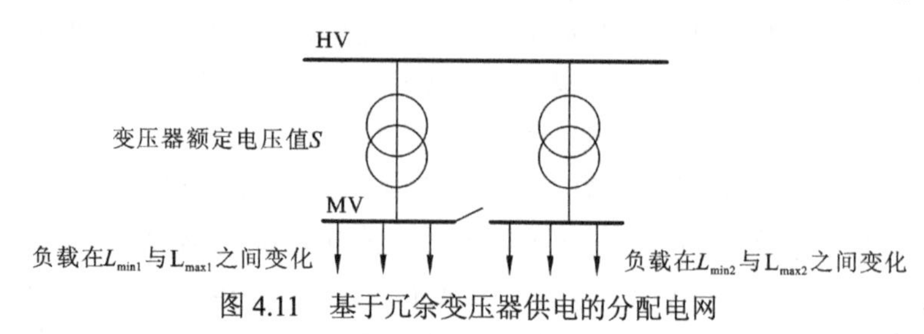

图 4.11　基于冗余变压器供电的分配电网

对于两个电网中的任何一个，分布式发电的主机容量大致是变压器额定值与最小消耗的总和。这里假设变压器过载是设定极限值的原因，则左侧馈线的主机容量为 $S+L_{min1}$，右侧馈线的主机容量为 $S+L_{min2}$。因此，可连接到中压网络的分布式发电总量等于 $2S+L_{min1}+L_{min2}$。

为了使整个网络在另一台变压器不能维护或修理时可由一台变压器供电，分布式发电的最大容量仅为 $S+L_{min1}+L_{min2}$。高可用性的代价是只能连接较少的分布式发电单元（消耗量也有类似的限制，我们稍后会谈到这一点）。通过限电，过载的风险可以转移到分布式发电的所有者身上。能量储备不再是以附加变压器的形式体现，而是通过限电来实现的。分布式发电所有者将面临发电量经常被限制的风险，以至于安装的盈利能力被大大降低。

考虑一个简单的有数字的例子，每个部分网络的最大用电为变压器额定容量的 45%（总用电量为变压器额定值的 90%，可通过一台变压器供电，未来负载也有一定的增长空间），最低用电量是最高用电量的 25%。考虑到能量储备的存在，分布式发电的主机容量为最大用电量的 136%；如果没有储备（即使用限电），在需要进行大幅度限电之前，大约 247%的最大用电量可以连接起来。因此，在无须任何新的基础设施的情况下就可以连接 80%以上的分布式发电单元。

同样的道理也适用于用电量的突然增长。在保持储备容量的同时，可以增加的最大新用电量为 $S-L_{max1}-L_{max2}$。通过限电，即把储备转移到用电侧，则可以增加到 $2S-L_{max1}-L_{max2}$。使用与以前相同的数字示例，新的用电量的范围从现有最大用电量的 11%增加到 122%，因此新的用电量增加了 11 倍。

这里应该注意的是，因为新生产或消耗而导致的额外承载容量是需要额外费用的。当变压器因维修或保养而停止运行时，生产或消耗将不得不被经常限电。它可能以这样一种方式来计划维护，即限电需求是有限的，但是不能计划故障，因此也不能计划修理。变压器的修理可能需要几周时间，虽然生产者的收入损失可以得到补偿，但对类似电加热的用电方进行持续几周的削减可能是难以接受的。在生产和新消耗的所有者做出决策之前需要进行风险评估，限电并不总是首选的解决方案，但是可以将削减作为一种选项，它可以在风险与成本之间进行更合理的权衡。

4.4.6　电压和电流质量

电能质量[电压质量（voltage quality）和电流质量（current quality）]通常不会在限电的讨论中被考虑。这里也可以建立限电方案，其中当电压或电流失真超过预定限制时，限电将被激活。这种方案至少在理论上是可以解决谐波畸变、不平衡和闪烁等电能质量问题。对于像电压暂降这样的电能质量事件，因为干扰将在限电启动前结束，快速电压变化和瞬态限电方案没有多大用处。

以五次谐波的限电方案为例。五次谐波是大多数配电网的主要谐波，也是许多网络运营商最关心的谐波，可以对通过变压器的五次谐波电流或电网用户的五次谐波电压进行限制。当超过这些限制之一时，限电被启动，但选择应该对哪个电网用户或设备进行限电并不容易。不同设备注入不同相角的谐波电流，一些谐波电流分量相互叠加，而另一些则相互抵消。将注入五次谐波电流的设备断开可能会降低该频次的谐波含量，但也会增加其他电网用户的谐波电压和通过变压器的电流。

在某些情况下，如果已知哪个用户或设备类型对主要谐波畸变负责，那么可以实施如下限电计划。

（1）当流经变压器的五次谐波电流超过预定限值时，跳闸信号会传送给引起主要谐波畸变的用户或设备。当电流在一段时间内降至较低阈值以下时，用户或设备会重新连接。

（2）测量引起主要失真的用户的五次谐波电压含量，当该电压超过极限时，限电被激活。

如果事先不知道哪个设备会导致失真，哪个设备会减轻失真，那么必须在设备断开之前进行额外的检查。只有当谐波电压和通过变压器的总五次谐波电流含量降低时，设备才应断开。这种检查要求精确测量五次谐波电压和电流，包括它们的相角差。最终结合五次谐波电流的源阻抗特性再做出决策。

这种方案可应用于安装了大量电动汽车、太阳能电池板和热泵的地区。为了防止电网过载，汽车只有在太阳能充足的情况下才会充电，热泵也要相互配合以进一步防止过载。然而，当太阳能电池板、热泵和充电器同时启动时，可能会导致高水平的谐波电压失真发生。如果发生这种情况的可能性很小，那么限电计划可能是最具性价比的解决方案。

4.4.7 功角稳定性

功角不稳定是一种快速而短暂（几秒钟）的现象，因此很难预测。发生功角不稳定的原因是，当输电系统中两个区域之间的主要输电走廊发生故障时，这两个区域之间的电压相角差将过大。故障发生后，发生功角差的两个区域之间的振荡通常会被阻尼，功角也会恢复到稳定值。但是，如果功角超过某个临界角，其差值就会继续增加，两个区域之间的同步性就会丧失，进而导致两个区域的分离和/或一个或两个区域中多个发电单元的损失，最终引发大停电。通常，我们在临界故障清除时间内清除主要输电走廊上的故障来防止功角不稳定。在规划传输系统的过程中还要进一步注意，避免在主要输电走廊停止运行时出现这种情况。参见文献（Bollen and Hassan，2011）可了解功角稳定性及其受分布式发电影响的更多详情。

功角稳定性对可通过输电走廊传输的功率大小有严格限制：传输的功率越多，临界故障清除时间越短。启动限电算法的可能标准如下。

（1）当通过仿真发现由输电走廊传输的电力超过了限值时，就开始限电。事实上，这是输电系统运营商目前使用的方法，不同之处在于这是手动完成的，并且只限制发电单元。自动限电方案对时序要求不那么严格，因为只要不发生短路，系统就保持稳定。

（2）故障清除时间过于接近临界故障清除时间（系统稳定的最大故障清除时间）时，限电启动。临界故障清除时间由仿真研究确定，然而整个计算过程中有许多假设和不确定性，必须考虑足够的裕量。这种方案需要非常快的反应速度，因为它只有在功角稳定性接近时才会出现。该方案还要求独立于保护系统测量故障清除时间。电能质量扰动自动分析的一些工作可用于根据记录的电压或电流来自动确定故障清除时间（Bollen et al.，2006）。

（3）可以基于两个区域之间的功角差及其随时间的增加量来决定系统是否稳定，这需要比以前的方案反应更快。它还需要测量功角差（如通过相量测量单元），并将这些功角差信号快速送到做出限电决策的控制中心。初始方案可能使用功角差和功角差变化率作为标准。

根据现有技术，目前只有标准（1）可用。更先进的方案需要开发足够精确的仿真方法，以限制使用标准（2）或标准（3）时出现功角不稳定的风险。根据文献（Bakken et al.，2011），需要采样速率为 100 Hz 的同步相量进行测量。这就对通信系统提出了很高的要求，特别是可能需要在相距数百公里的地方进行测量的情况下。作为模拟方法开发的一部分，短路故障期间的实际功角和故障清除时间都应该被记录，并与仿真结果进行比较。

4.4.8　频率稳定性

频率稳定性（frequency stability）与互联系统中发电与用电之间的平衡有关。当发电出现严重短缺时，频率将迅速下降，并导致断电。频率不稳定性与功角不稳定性事件具有相似的时间尺度，但是频率不稳定性比功角不稳定性更容易预测。参见文献（Bollen and Hassan，2011）关于频率不稳定性的简述。

为了频率稳定，需将系统中的频率作为过载指标，现有的低频减载方案也正是这么做的。在某些情况下，频率的时间导数，即频率变化率（rate-of-change of frequency，ROCOF），也用于决定是否断开以及断开多少负载。当使用 ROCOF 作为指标时，应该记住在发电与用电之间存在明显的不平衡时整个系统中的频率也将有所不同。实际上，其对频率本身的影响是有限的，但是系统中不同位置的频率变化率可能有很大不同。

为防止频率不稳定，最简单的限电实施方式是使用低频保护使参与该方案的设备跳闸。低频减载并不是跳闸整个馈线，而是控制单个设备跳闸。这将不需要通信，而且设备终端的频率可作为整个互联系统中发电与用电之间平衡的指标。

更先进的方案是使用下垂曲线，如用于功率-频率控制。这种控制在频率下降时，用电将减少，而不是完全关闭设备，频率下降越大，用电量下降越大。然而，对于许多设备来说，彻底停机容易，但是减少一定用电量却很困难。利用频率进行温度调节的设备，如电加热、空调和制冷等，是一种可能的解决方案，但即使是这样，在大规模使用之前，也必须进一步开发和标准化。

当中央控制器（或聚合器）与各个设备之间的通信可用时，中央控制器可以处理各个设备的设置。每个单独的设备仍然会在某个频率下完全关闭，但总的来说，负载会基于下垂曲线随着频率的减小而减小。中央控制器会计算在何时应该关闭多少个设备，或者最合适的频率-温度下垂曲线是什么样的。最终，这些设置将被传送到各个设备。

在现有系统中，即使失去一两个最大的发电设备，只要保持足够的储备容量（旋转备用），系统就依然可以保持频率稳定。如果这还不够，低频减载会切断很大一部分用电量以平衡系统的发电与用电（见 4.2 节）。更频繁地使用低频减载，并更加明确地确定断开哪个用电或发电设备，可以显著降低系统对旋转备用的需求。此外，需要进行经济性研究来决定哪些设备或装置最适合配备这种保护。可能最具挑战性的是找到一种方法能够让系统操作员知道在任何时候有多少减载潜力（即运行储备）可供支撑。

4.4.9 电压稳定性

当局部无功功率不足时，就会发生电压不稳定。应考虑两种类型的电压稳定性：短期电压稳定性主要是由于短路故障后对无功功率的要求较大；长期电压稳定性与长距离输电有关。

短期电压稳定性主要是局部问题，故障后的持续欠压可以作为相关评判标准去使用。限电方案包括立即切断大量无功功率负荷。短期电压崩溃发生得很快，因此需要快速干预，但可能只使用本地标准（电压和无功潮流）来触发限电。如果能够开发出足够可靠的限电算法，将显著减少电网中的备用容量。例如，它可以让使用感应电机的风机更容易连接到电网的薄弱环节。

文献（Massee et al.，1995）阐述了一个在有大量感应电动机的工业装置中防止短期电压不稳定的例子。如果没有相应的电源供应，负荷安装规模的快速增长会造成某些位置故障时短期电压不稳定现象发生。作者提出的限电方案是为不同位置的装置配备不同的欠压保护设置，最不重要的部分最先跳闸，最重要的部分最后跳闸。

长期电压稳定性是一个完全不同的问题。在所有情况下保持足够的储备是目前防止长期电压不稳定的方法。长期电压不稳定往往会导致大面积停电，因此尽可能避免这种情况发生是非常有必要的。此外，对于维持长期电压稳定性而言，可以通过限制主要输电走廊传输的电量来实现，这与功角稳定性的解决方案类似。在电压稳定的情况下，有功功率的大小很大程度上取决于传输的无功功率的大小。根据现行的运作规则，限电是为了确保足够的运行储备，即使在失去任何一个组成部分后，系统也应保持稳定。这是由传输系统运营商在得到模拟估计出的传输容量后通过手动方式来完成的。这种手动方案可以由自动方案替代，例如，限制风力发电装置产生的电量，以确保总是有足够的储备来防止电压崩溃。

另一种方案是只有在系统电压崩溃时才启动限电。长期电压崩溃是一个相对缓慢的过程，可能需要几分钟。为了对电压崩溃的初始情况进行检测，需要一个针对全网的监控系统。事实上，目前已经有几个类似的系统正处于开发阶段。这些系统最初的用途是在电网出现重大故障时，作为限电负载和/或生产的最后手段。在更远的将来，当这种系统变得更可靠和更可信时，储备的数量可以减少，取而代之的是可以更经常地启动限电。像低频减载一样，应该有足够的可供限电的发电容量和负荷，而电网运营商也应该了解哪些负荷可被限电。

4.5 限电示例

4.5.1 示例 1：太阳能发电引起的过载

第一个例子是一家酒店在电表的用户侧安装了太阳能板。可连接的太阳能板的数量受到酒店订购功率的限制。最大功耗约为每相 280 kW；订购的功率为每相 300 kW。用电的测量已经与太阳能发电的仿真相结合，以估计太阳能发电装机容量函数中的限电量和发电量。一旦视在功率超过预定功率，就启动限电。

同样，也计算了强制性限电和柔性限电对太阳能发电量的影响。对于强制性限电，一旦供电电流超过阈值，整个太阳能发电机组就会断开；对于柔性限电，太阳能产量不会减少到零，而是减少到刚好足以使电流不超过阈值。结果如图 4.12 所示。

对于低于约 1 150 kW 的装机容量，不需要限电，但是对于更高的装机容量，限电需求快速增加。对于 1 500 kW 的装机容量，每年需要进行 600 多个小时的限电。对于强制性限电（实线），限电量大到使得年发电量随着装机容量的增加而

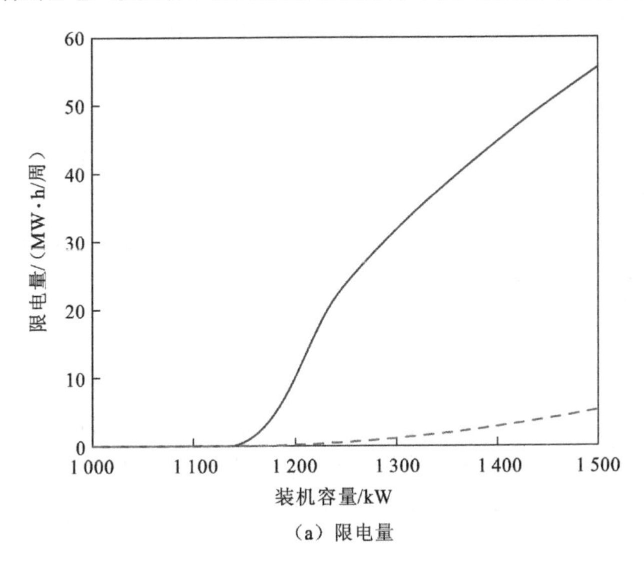

（a）限电量

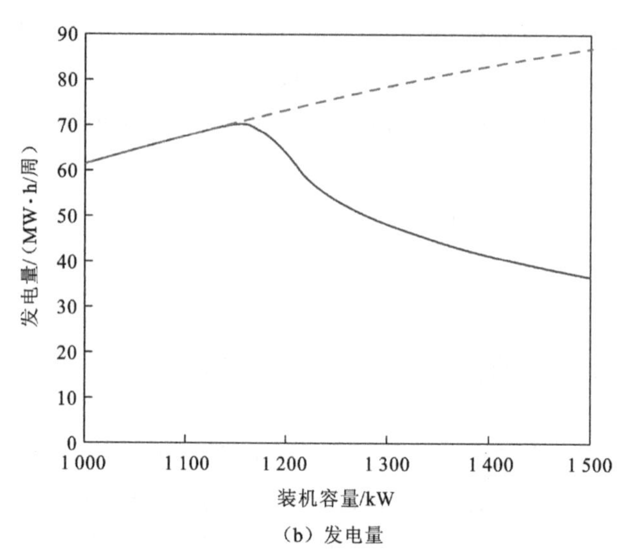

(b) 发电量

图 4.12　强制性限电和柔性限电下的限电量和发电量

实线：强制性限电；虚线：柔性限电

减少。一个直接的结论是：在这种情况下，强制性限电不是可行的解决办法；柔性限电（虚线）下限电量将受到限制，虽然年发电量继续增加，但盈利能力却下降。装机容量高达约 1 250 kW，年发电量在高峰时达到 1 500 h。额外的 250～1 500 kW 的有效利用率仅为每年 1 300 h。对于接下来的 250 kW，将进一步下降到每年 1 000 h。

4.5.2　示例 2：风力发电引起的变压器过载

第二个例子是在 19 MVA，130/10 kV 变压器的二次侧安装大量风机。变压器下游的最大负荷约为 18 MW。像第一个例子一样，消耗的测量与风力发电的仿真相结合，结果如图 4.13 所示。

像前面的例子一样，两种限电方法的影响也已经被研究：每次启动断开风力发电的强制性限电时，变压器负载非常接近其最大允许负载；而使用最小限电量的柔性限电将保证变压器的负载率不超过其极限。

对于高达约 26 MW 的装机风力发电则不需要限电。对于高达约 31 MW 装机容量的风机，即使进行强制性限电，总发电量仍会增加，但 26 MW 装机容量的风机的盈利能力小得多。对于柔性限电（虚线），即使在高装机容量的情况下，年发电量也在持续增加。但这里的盈利能力也随着装机容量的增加而下降。

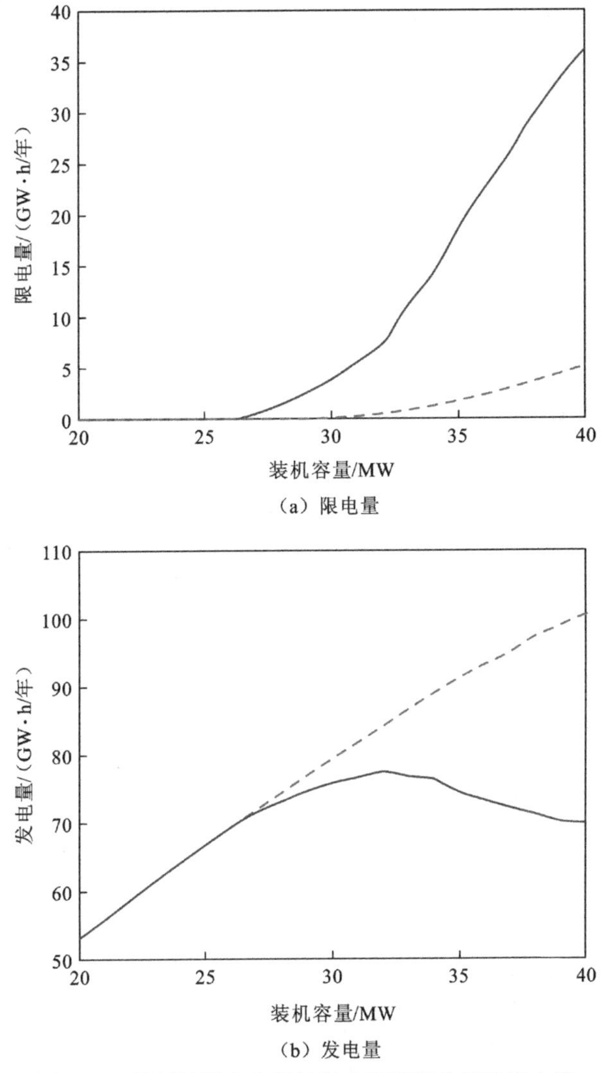

（a）限电量

（b）发电量

图 4.13　强制性限电和柔性限电下的限电量和发电量

实线：强制性限电；虚线：柔性限电

当装机容量高达 25 MW 时，利用率约为每年 2 700 h，但当装机容量为 10～35 MW 之间时，利用率仅为每年 2 500 h，当装机容量为 5～40 MW 时，利用率仅为每年 1 900 h。

4.5.3　示例 3：风力发电引起的过电压

本示例研究了使用限电来防止由于中压电网中的风力发电而引起低压电网过

电压的问题，测量的电压幅度变化与风力发电的仿真相结合。其中，测量和仿真按比例调整，进而在注入 1 MW 功率时，最大电压将提高到启动限电的过压极限，结果如图 4.14 所示。

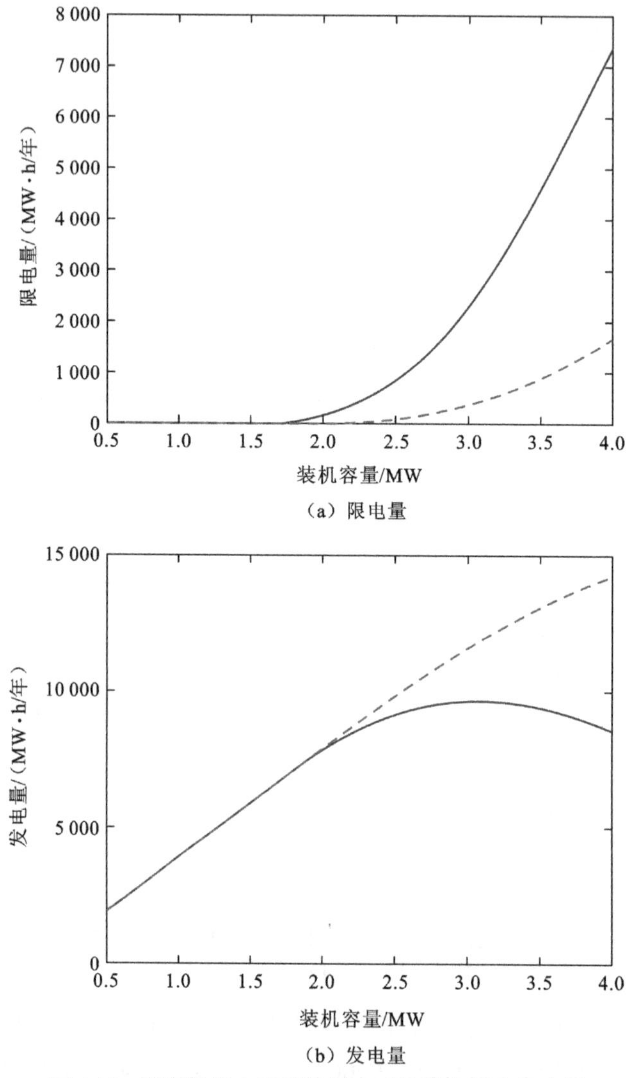

（a）限电量

（b）发电量

图 4.14　强制性限电和柔性限电下的限电量和发电量

实线：强制性限电；虚线：柔性限电

当装机容量低于 1 MW 时，无需限电；即使对于 2 MW 的装机容量，每年也只需要限电大约 70 h；对于更高的装机容量，限电需求快速增长，4 MW 装机容量限电将达到每年 2 000 h。对于强制性限电，限电的容量快速增长，在装机容量超过 3 MW 时年发电量将开始下降。根据该方案，安装容量超过 3 MW 的风力发电将毫无意义。

为了说明局部电压幅度变化如何影响限电，对三个位置重复计算了风力发电引起的过电压。分别在不同国家的不同地点和不同时期使用三种不同的电压幅度变化测量方法获得相关数据，计算结果如图 4.15 所示。

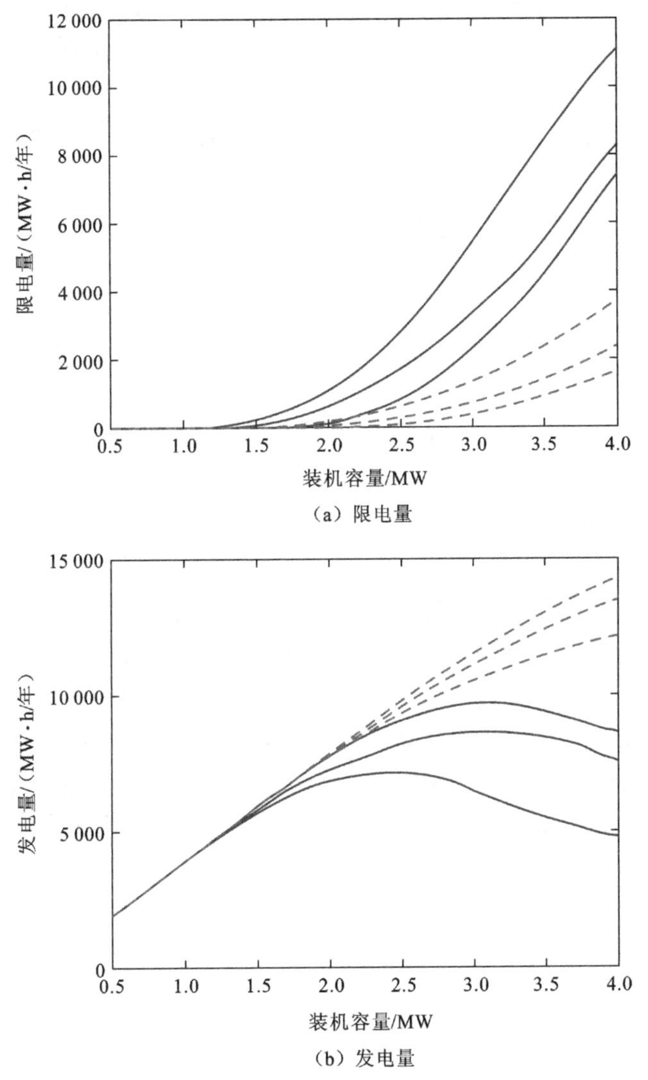

（a）限电量

（b）发电量

图 4.15 在三个不同的位置分别用强制性限电和柔性限电下的限电量和发电量

实线：强制性限电；虚线：柔性限电

简而言之，对于投资决策来说，重要的是资金回报率。收入与每年的发电量大致成比例，而投资由固定部分以及与装机容量大致成比例的部分组成。每年发电量与装机容量之间的比率是一个无量纲参数，称为发电设备的产能系数（capacity factor）。当发电单元连续生产其额定容量时，其容量为100%或每年8 760 h。

例如，当对安装容量为2 MW与3 MW进行比较时，重要的是额外的装机容量产生多少额外的发电量，即边际产能系数。这三个位置的计算已用于获得强制性限电和非强制性限电的边际产能系数。结果如表4.3所示。与大多数地点相比，有效利用率相当高，每年高达近4 000 h，其原因是计算中的平均风速为9 m/s。

表4.3　以小时每年为单位的三种不同位置的边际产能系数

容量/MW	位置1		位置2		位置3	
	软	硬	软	硬	软	硬
1.0	3 980	3 980	3 980	3 980	3 980	3 980
1.5	3 980	3 970	3 980	3 870	3 910	3 520
2.0	3 950	3 710	3 820	2 770	3 660	2 230
2.5	3 790	2 610	3 470	1 830	3 130	520
3.0	3 450	1 070	3 070	850	2 520	—
3.5	2 940	—	2 640	—	1 840	—
4.0	2 390	—	2 140	—	1 400	—

从表4.3中我们可以清楚地看到，在没有限电的情况下，当风力发电的装机容量超过主机容量时，回报会逐渐减少。边际产量的下降在不同地区表现出很大的差异。实际上，正如我们之前已经观察到的，强制性限电将年发电量降低到一定的装机容量以上：位置3的装机容量为2.5 MW；位置1和位置2的装机容量为3 MW。对于柔性限电，虽然边际产能系数在装机容量达3～4 MW后迅速降低，但仍会随着装机容量的增加而有所增加，这也取决于具体位置。

第5章 市场激励

在本章中，我们将讨论电网用户在各种电力市场中响应的不同方法。章节的重点将放在让用户根据电网的需求调整发电或用电的激励机制上，通常用需求响应与 4.4 节讨论的限电相区分。有了需求响应这个机制，任何减少或增加发电或用电的决策都取决于电网用户；其他利益相关者（网络运营商、零售商等）可以通过改变电价或费用来影响该决策，但是最终决策是由电网用户做出的。

我们将在 5.1 节和 5.2 节对主要电力市场进行简要描述；在 5.3 节讨论不同形式的需求响应；在 5.4 节讨论平衡市场和用户参与；在 5.5 节讨论市场的可能架构，包括配电网层面的拥塞；在 5.6 节讨论辅助服务市场；5.7 节的主题是电网用户的各种新发展，并讨论不同类型的电网用户如何参与不同的市场及限电方案。

5.1 批发和零售市场

电能作为一种产品在两个不同的市场上交易：一个是大型买方和卖方交易的批发市场，另一个是消费者购买电能的零售市场。还有平衡市场和辅助服务市场，将在 5.4 节和 5.6 节分别进行讨论。除消耗的电力费用外，电网用户还要为使用电网支付网络费用，5.5 节对此有更多介绍。一些生产商每千瓦时电能获得的额外收入仅次于他们在电力市场上获得的价格，这可能是可再生能源发电的激励措施，甚至可能导致批发市场出现负价格。

设定电价的日前批发市场是作为现货市场（spot market）运作的，即卖方和买方聚集在一起决定电价。实际上，卖家和买家并不是在同一个地点会面，而是向市场代理人提交买卖报价，代理人根据一套众所周知的规则来决定电价。单独报价结果通常并不允许每个人都知道。但是，一旦电价确定，它就被传达给市场上的所有参与者，以及他们的出价在多大程度上会被市场接受。由于一天中不同时间段的用电量差异很大，市场电价也在一天之中变化。电价通常是在实际供电前一天设定的，电价区间从 15 min 到 1 h 不等。日前市场的规则及其后果将在 5.2 节讨论。

有一部分交易是以卖方与买方之间的双边协议形式进行的，这种情况下电价取决于双方的协议，对此没有特殊的规定。此外，一些消费者，如工业消费者，在电力方面能够做到自给自足，对此我们不再进行更详细的讨论。

只有大的电力买家和卖家才参与批发市场。大买家主要是电力零售商（或电力供应商），他们在批发市场购买电力，并在零售市场向最终消费者出售。只有少数非常大的消费者直接在批发市场购买电力。所有其他用户都与零售商签订了长期供电合同。在许多国家，顾客可以自由选择和更换零售商。因此，电力零售市场的运作方式与任何其他零售市场相同。电力行业放松管制很大一部分与确保零售市场尽可能开放有关。

电力零售商通常会在很长的时间内（从一个月到一年不等）向用户提供固定电价。对于月度价格，消费者的电费遵循批发市场电价的季节性和长期趋势。这里，成本和风险之间的权衡与许多其他商品一样，在可变价格的情况下，消费者面临意外价格峰值的风险，但长期成本会更低，因为零售商不必增加风险附加费。一些国家已经开始实行月度价格，但小时电价仍然罕见。由于目前大多数消费者还没有受到批发市场上电价每小时变化的影响，他们没有任何动机去调整电力消费行为以适应该价格。电力消耗对批发电价的调整称为需求响应，将在 5.3 节讨论。

5.2 日前市场

日前市场是一类主要的电力市场，也称为现货市场。这是电力生产商、销售者和消费者进行电力交易的地方，该市场中电价是按小时、半小时或季度（视国家而定）来设定的。下面我们将首先讨论现货市场的价格结算原则，然后讨论通过市场原则防止拥塞的方法。

5.2.1 现货市场

现货市场的市场出清原则如图 5.1 所示。市场代理接受一天中每个小时的卖方出价和买方出价。卖方出价表明卖方愿意交付一定量电力的最低价格；买方出价表明买方愿意购买一定量电力的最高价格。买方出价按价格的降序排列(实线)；卖方出价按价格的升序排列（虚线）。两条曲线的交点表示市场出清，即交易的电量和交易的价格。有关现货市场运作的更多细节，参见文献（Bhattacharya et al.，2001）和（Wangensteen，2007）。

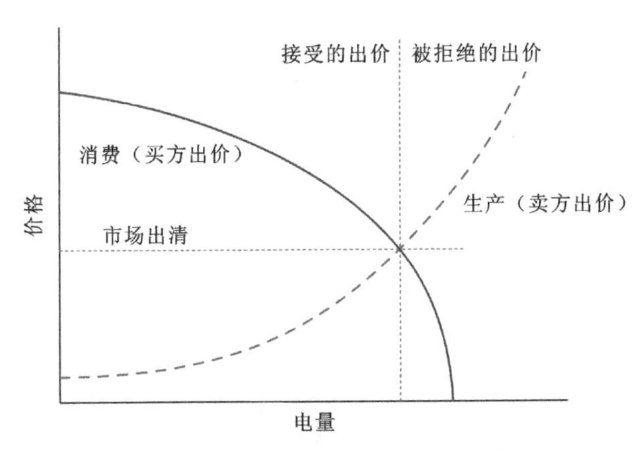

图 5.1 电力现货市场的市场出清原则

市场出清价格是指，愿意以此价格或更低价格出售的卖方数量等于愿意支付此价格或更高价格的买方数量。因此，没有人必须支付比他们愿意支付的更高的价格（根据他们的买方出价），也没有人必须以比他们愿意卖出的更低的价格卖出（根据他们的卖方出价）。那些不愿意支付结算价格的人和那些不愿意以此价格出售的人将被拒绝交易。

在美国的几个电力市场中，边际价格（marginal price）一词被经常使用。边际价格是生产一个额外兆瓦电力的价格。这对应于图 5.1 中的市场出清价格。损失和拥塞的计算方式（稍后会有更多的介绍）以及消费价格弹性模型都有一些不同。但实际上，不同国家日前市场的功能具有相似性。

电力市场上已经显示出的一些特性将会导致难以避免的价格峰值，不同市场的细节也有所不同，但总体性质基本一致。在售电（发电）方面，发电机组的所有者愿意以低价出售一定量的电力。这包括具有较低边际成本的电力，如水力发电，也包括需要很长时间才能重启电力生产的机组，如核能发电。除此之外，可以快速启动但边际成本高的机组较少。这些公司的所有者将向市场高价出售电力。结果是，销售曲线先保持平坦，随后急剧上升。

用电侧方面的情况则不同。如前所述，大多数消费者从零售商那里购买电力，价格在较长一段时间内是固定的。因此，没有价格弹性，消费也不会受到价格的影响。这在价格与交易量的关系图中显示为一条垂直线。这条垂直线随需求的变化向左或向右移动，具体如图 5.2 所示，结果是批发市场的价格差异主要是由于卖方出价的差异导致的，而买方出价对市场价格没有太大影响。事实上，在一些批发市场中，根本不考虑消费的价格弹性，在这些市场中，不考虑买方出价，只考虑买方出价的数量（即消费）。

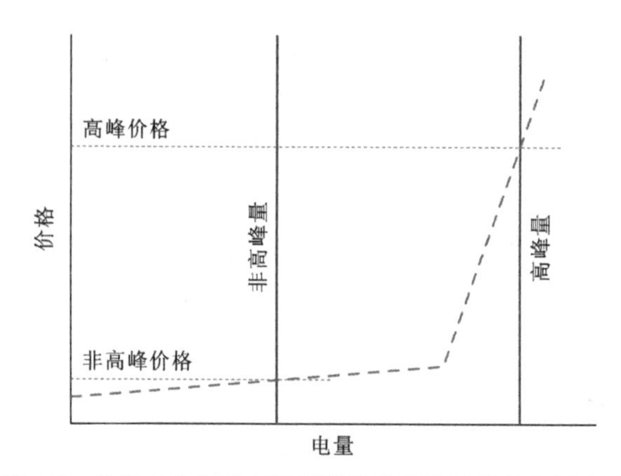

图 5.2　典型电力批发市场高峰和非高峰时段的市场出清

大量可再生能源机组的接入有时会导致负价格。利用可再生能源的电力生产者通常愿意以负价格投标，即他们愿意为发出的电量付费。除输送到批发市场的电价外，这种发电机组的所有者还有与输送的千瓦时总量相关的其他收入来源。这可能是属于绿色证书（green certificate）、网络运营商为减少本地电损支付的钱或上网电价补贴的市场。只要电价与这些额外收入的总和是正数，就值得发电。毕竟，边际生产成本为零，具体如图 5.3 所示。而当可再生能源的生产量超过需求量时，将导致结算价格变成负数。

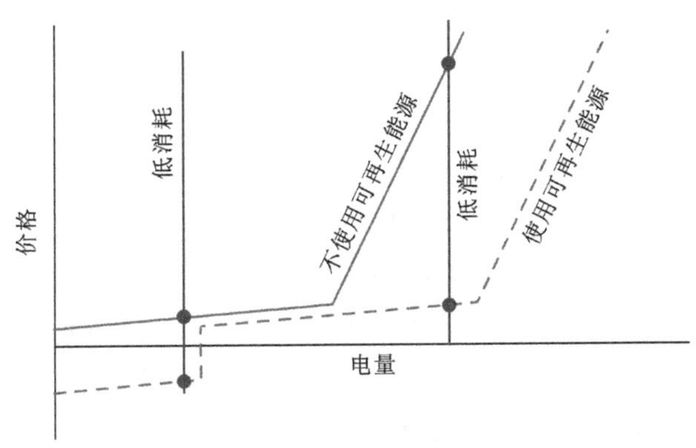

图 5.3 低消耗和高消耗期间的市场出清（垂直线）
虚线：有大量可再生能源发电；实线：无大量可再生能源发电

图 5.3 还显示了不使用可再生能源的情况（如多云的一天）。可再生能源电力生产的卖方出价不再是市场的一部分，生产曲线向左移动，结果是日前市场价格上涨。这对于高消耗情况尤其明显，因为可再生能源电力生产的存在避免了价格高峰。总体结果是日前市场价格出现更大波动。

5.2.2 当地电价及市场分割

当今一些电力市场所涉及的地理范围很广，然而，在大的地理区域内拥有相同的市场价格通常是不可能的。传输网络不足以实现电力买卖双方之间所有期望的交易，这种情况被称为拥塞，而为解决这个问题，系统运营商与市场有不同的解决方法。

由于市场分割（market splitting），不同的区域会有不同的价格。作为第一步，市场总是在假设（铜板假设（copper plate assumption））没有拥塞的情况下找到解决方案，由此产生的价格称为系统价格（system price）。如果整个市场的结算将导致拥塞，市场将被分成不同的价格区域。在生产不足的地区价格会上涨，在生产过剩的地区价格会下跌。

北美有几个电力市场使用基于位置的边际价格（location based marginal price，LBMP），这是在某个位置提供兆瓦以下消耗的成本，损失引起的费用包括在内。没有损失和拥塞，LBMP 在系统的任何地方都是一样的；当包括损失在内时，价格会有所波动；拥塞会导致一个地方的价格比另一个地方高很多。LBMP 是系统价格、损失边际成本和拥塞边际成本的总和。损失的边际成本可以为负数、零或正数。市场分割与 LBMP 的主要区别在于，LBMP 将自动在不同地点产生不同价格，而市场分割需要系统运营商做出市场分割决策；另一个区别是市场分割不包括损失成本，而 LBMP 包括。

在整个市场中保持价格不变的一种方法是反向交易（counter trade），即系统运营商向盈余区域的发电机付费以减少产量，并向短缺区域的发电机付费以进行生产。这种反向交易的费用通过网络价格向所有电网用户收取。在这种情况下，市场不会受到拥塞的影响，而拥塞的成本会分摊到所有电网用户。反向交易激励传输系统运营商减少拥塞，但消除了基于位置的需求响应激励。

图 5.4 和图 5.5 显示了 2011 年 8 月 1 日纽约独立系统运营商运营在市场中 15 个区域的边际价格变化示例。白天的边际价格如图 5.4 所示。下午气温最高时，价格上涨，因此电力消费也最高。但最引人注目的是，不同地点之间的价格差异变得非常大。一个地方的最高价格比最低价格仅仅高 65%，而另一个地方的价格几乎是最低价格的 7 倍。

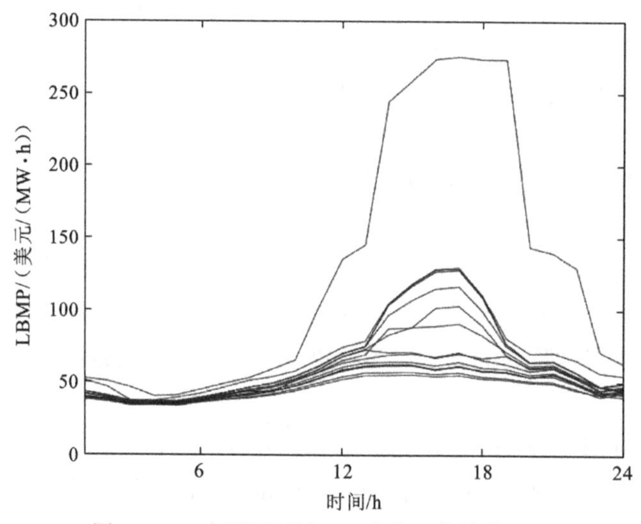

图 5.4　15 个不同区域一天内边际价格的变化

损失对价格的影响相对较小，如图 5.5 所示。损失的边际价格可能导致价格上涨，也可能导致价格下跌。下午时损失对价格影响最大，此时电力流最大，系统严重拥塞。拥塞程度在图 5.5（b）中清晰可见，图中也显示了拥塞的边际价格。只有在一些例外情况下，拥塞的边际价格是负数，在几乎所有情况下，这都会导致电价上涨。一个区域在上午 11 点开始严重拥塞，但对于大多数区域，系统仅在下午 2 点到 6 点之间严重拥塞。

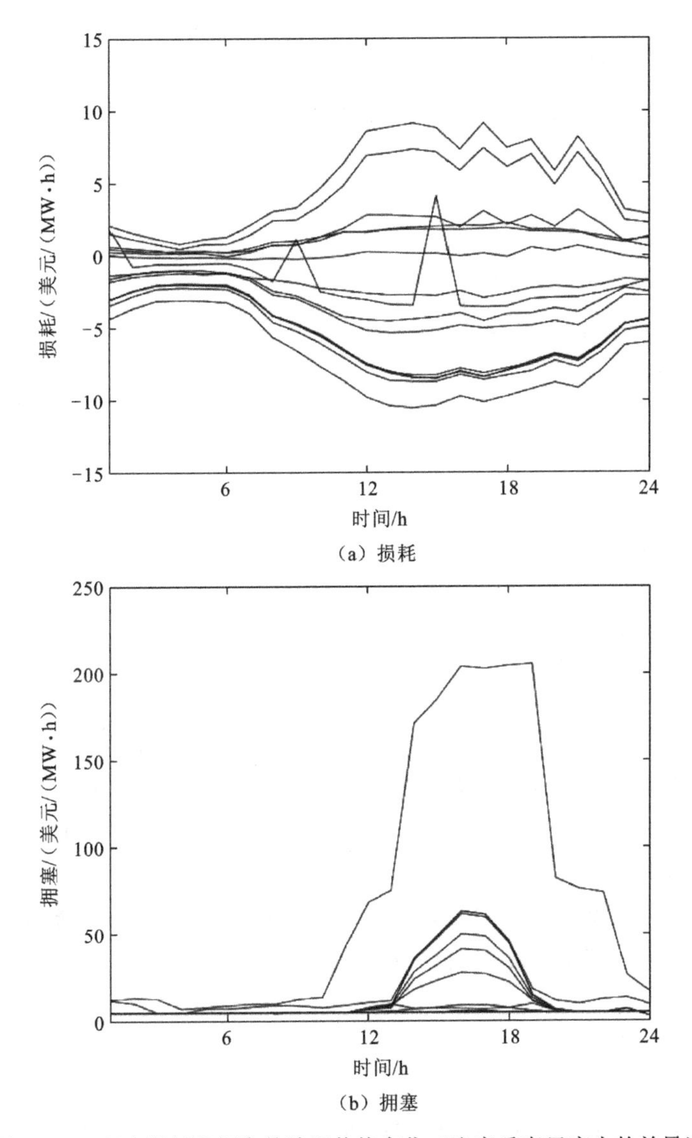

（a）损耗

（b）拥塞

图 5.5　一天内损耗和拥塞的边际价格变化（注意垂直尺度上的差异）

在欧洲几个电力市场，风力发电的贡献已经变得非常大，以至于出现了负的现货价格。丹麦的一个例子如图 5.6 所示。系统价格（上曲线）相当稳定，约为每兆瓦时 60 欧元。然而，由于系统拥塞，丹麦的风力发电过剩，无法输送到系统的其他部分。其结果是丹麦的价格变得更低，在某些时候甚至是负数。

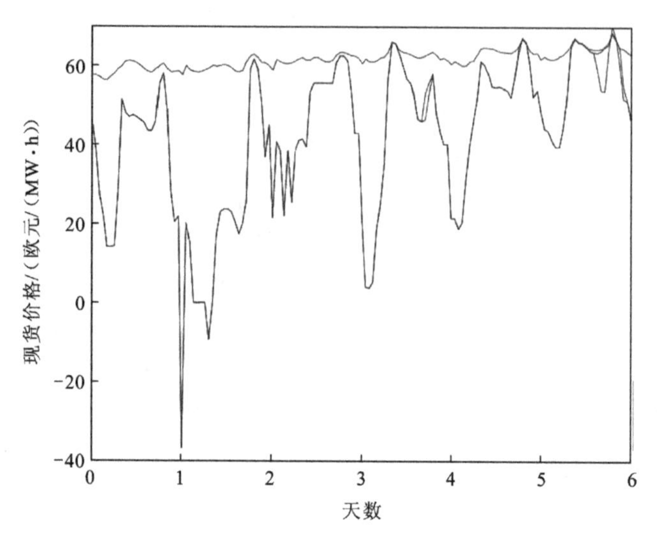

图 5.6　丹麦六天的现货市场价格（系统价格和区域价格）

5.3　需求响应

当我们谈论需求响应时，指的是用户根据电价调整其用电。通常，该术语仅用于降低峰值价格（peak price）时段的用电，或者用于将用电从高价格时段转移到低价格时段。讨论中通常不考虑因高电价而导致的电力消耗的总体减少，但这同样也是需求响应。

需求响应要求价格随时间变化，也称为动态价格（dynamic price），用户意识到价格变化，因此能够手动或自动调整用电。

5.3.1　分时定价

大多数国家和地区都制定了随时间变化的价格理论，在预计消耗高的时期价格（高峰价格）高于全年中的其他时间（非高峰价格）。峰价和非峰价时段根据一天、一周和一年的时段来定义。对于夏季消耗高峰期的国家和地区来说，高峰期通常是夏季工作日的下午。当冬季由于电加热而出现高峰时，冬季工作日的高峰时段通常为上午 8 点到晚上 8 点。一些网络运营商和零售商使用三个价格周期。具体定价细节在很大程度上取决于当地消耗的变化情况。加拿大安大略省能源委员会给出的一个例子如表 5.1 所示。

表 5.1 分时价格示例

时段	5 月～10 月	11 月～4 月	周末
非高峰时段	7:00～9:00	7:00～19:00	00:00～24:00
中间峰时段	7:00～11:00 和 17:00～19:00	11:00～17:00	
高峰时段	11:00～17:00	7:00～11:00 和 17:00～19:00	

价格的变化通常通过电力线通信（power-line communication）信号传达给用户。这些信号也可以用来打开和关闭设备。例如，热水器可以在晚上 7 点打开，早上 7 点关闭。在低价期的初始时刻，分时价格通常会立即导致消费高峰。

尽管这种定价方法已在许多国家和地区实施了多年，并很好地实现了其目的，但仍有理由做进一步改善。不采用分时价格最重要的技术原因是，尽管在峰值电价期间的平均消耗较高，但此期间消耗的变化幅度依然很大。在某些日子里，进一步减少消耗是可取的。最坏的情况是一个或多个重要的生产单元或输电线路在极端炎热或寒冷的天气期间停止运行。当消耗与生产能力之间的差距最小时，停电的风险最大。

不采用分时价格的第二个原因是，在峰值电价期间减少消耗的动机实际上相当小。不同公用事业公司的高峰价格与非高峰价格的比率有所不同，但是这个比值应当尽可能高，这使得有足够的动力来减少消耗。然而，高峰电价的急剧上涨将对总电费产生很大影响，并且消费者也无法接受。

第三个原因是新型生产和消耗的引入。新的负载模式，其中一些不再像以前那样与一天、一周或一年的时间相关联。网络和系统负载将变得难以预测，从而导致分时定价（time-of-use pricing）难以降低峰值负载。

5.3.2 改进型分时定价方法

还有一些更先进的动态定价方法正在研究当中，并在某些案例中进行了应用。这些方法大致可分为以下几类，但每个类型差异较大，如文献（Braithwait，2010）。

（1）消费者支付的价格与当天批发市场的小时电价挂钩。预期消耗与生产能力之间的小差距将导致批发市场的高价格。这一高价格将激励消费者减少消耗，利润越小，价格越高，激励也就越强。小时电价之所以在前一天结算是便于向消费者传达。接下来消费者可以在高价格的时段减少消耗。

（2）正常的固定价格在大部分时间内保持不变，但是当预计消耗与生产能力之间有一个很小的差额时，价格会显著上升，如系数为 5。消费者在此之前将会被告知，这通常是在日前市场关闭后的前一天下午。消费者可以再一次在高价时间段减小消耗。这种方法称为峰值电价（critical peak pricing，CPP）。在大多数实验和现有方案中，峰值电价是全年固定的，但也可能出现更动态的定价方案。

（3）另一种方案是，消费者不再支付更高的价格，而是在特定时间内因减少消耗而获得报酬。消费者通常是在前一天下午被再次提前告知这一点。这被称为峰值电价折扣（critical peak rebate）。与峰值电价一样，可以根据给定时间内需求响应的实际需要引入可变折扣。

（4）消费者支付的电费与批发市场的当地实时价格直接相关。

（5）消费者通过聚合商成为平衡市场的一部分。

5.3.3 小时定价

当相当一部分消费者受到小时电价的影响时，这将激励他们在高价格时期减少消耗。从市场角度来看，价格弹性尤其会影响价格峰值。图 5.7 显示了这对日前市场的重要性，低于一定价格，消耗不受影响。对于更高的价格，消耗将会减少，这显示为从买方价格构建的曲线中的对角线部分。然而，某些用户不受小时电价的影响，因此没有减少电力消耗的动机。于是，当低于某个数值时，曲线将再次垂直。

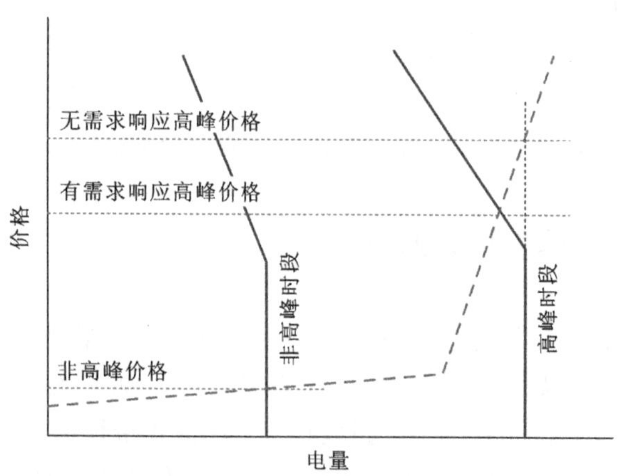

图 5.7　高峰和非高峰时段需求响应对电价的影响

在低价格时期，由于没有减少消耗的动机，非高峰价格不会受到需求响应的影响。但峰值电价将会降低，价格弹性越大，价格就会降低得越多。当越来越多的消费者受到小时电价的影响时，价格弹性会更大，峰值电价会更低。这里应该注意的是，消费者只通过他们的零售商接触批发市场价格，消费者不是批发市场的一部分。图 5.7 中变量之间的关系是在假设零售商完全了解消费者的价格弹性情况下得到的，显然实际情况并非如此，尤其是在引入需求响应的早期阶段。与此相关的内容将在 5.4 节讨论。

在 PowerCentsDC 示范项目期间研究的一种需求响应是向消费者提供小时电价。这些价格基于 PJM 经营的日前批发市场的实际小时电价。价格可在项目网站上，甚至通过免费电话咨询来获得，这些信息也将传达给一些项目参与者配备的智能恒温器。参与者会在价格高的日子到来之前，通过电话、短信或电子邮件得到直接通知。

5.3.4 峰值电价

目前，峰值电价是一种最常用的方法，也是示范项目中研究最多的方法。

在法国，订购功率为 6 kW 及以上的消费者可以选择分时价格。高峰时段的电费大约要贵 50%。法国约 30%的消费者（相当于总体 60%的消费量）受到分时电价的影响（Badano，2010）。除此之外，订购功率超过 9 kW 且仍是受管制市场一部分的消费者，可以选择“阶段性策略”。根据这一策略，每年 300 天承担正常价格，43 天承担中等价格，22 天承担高价格。中高价格的日子发生在 11 月到 3 月之间，主要是针对用电加热的消费者。价格在前一天 17：30 通过互联网、电子邮件和短信公布。在价格高的日子里，用户的指示灯会亮起红色，在价格中等的日子里，指示灯会亮起白色，在价格正常的日子里，指示灯会亮起蓝色。这些日子分别被称为红色、白色和蓝色日。这项计划自 1996 年开始实施，约有 30 万国内用户和 10 万小型商业用户参加。在中等价格的日子里，全国总消耗量减少约 150 MW，在高价格的日子里，全国总消耗量减少约 300 MW。与全年平均价格相比，六个时期的价格如下。

（1）正常价格的日子：非高峰价格为 54%；高峰价格为 68%。

（2）中等价格的日子：非高峰价格为 117%；高峰价格为 140%。

（3）高价格的日子：非高峰价格为 223%；高峰价格为 637%。

美国佛罗里达州彭萨科拉海湾电力公司（Gulf Power in Pensacola）的“能源选择”计划于 1998 年推出，大约有 10 000 名参与者。该计划包含四个价格水平，即低（年平均价格的 68%）、中等（82%）、高（135%）和临界（377%）。低价、中等价和高价构成了一个正常的分时方案：日期和时间是固定的，夏季价格在下午 1 点到 6 点之间，冬季价格在上午 6 点到 10 点之间。峰值电价每年高达 87 h，一次 1～3 h，并在 1 h 前公布。消费者通过家中的指示灯得到通知。参与该计划的还有一个可编程恒温器，它能自动对从公用事业公司获得的价格信号（price signal）做出反应。

圣地亚哥燃气和电力供应商（San Diego Gas and Electric Offer）为较大的用户（订购功率为 20 kW 及以上）提供了一个重要的峰值电价方案，这些用户配备了一个远程抄表系统，每隔 15 min 进行一次抄表。除了正常的分时关税（冬季有三个价格水平，夏季有三个不同的价格水平）之外，最多可以调用 18 个 CPP 事件。用户将在前一天下午 3 点前得到通知，在这些 CPP 事件期间的电价约为正常峰值电价的 10 倍。

在 PowerCentsDC 示范项目中，峰值电价是三种不同的需求响应激励措施之一。在示范项目中，峰值电价的产生通过温度预测来判定：夏季高于 90 ℉（32 ℃）；冬季低于 18 ℉（-8 ℃）。在示范项目的前一天下午 5 点之前，用户被告知出现了峰值电价。峰值电价是正常价格的 5～6 倍，并且持续时间总是在 4 h 内（夏季的下午时间；冬季的清晨和傍晚）。在示范项目期间，峰值电价的启动与实际系统负载之间没有直接联系，启动仅基于温度预测。每年夏季大约有 12 天有峰值电价，冬季有 3 天。

2004 年和 2005 年，美国加利福尼亚州进行了另一项实验，在这项实验中，消费者获得了不同于现有多层定价方案的随时间变化的电价，三种方案具体如下。

（1）分时定价，即在预定的高峰期价格更高。价格随一天、一周和一年的时间而变化，但它们是事先确定的，不受网络实际负载的影响。

（2）峰值电价定价-固定价格（critical peak pricing-fixed），一年中最高可达 15 天的价格会非常高。虽然时间事先是不知道的，但消费者会在前一天得到通知。

（3）峰值电价-可变价格（critical peak pricing-variable），通知时间可短至 4 h，关键时间段可长达 5 h，这将为用户提供自动化的需求响应技术。

5.3.5 峰值电价折扣

有了峰值电价折扣后，电价将保持不变，但消费者在某些关键高峰时段减少消耗后会得到回报。峰值电价小时数确定以及同消费者的交互方式与峰值电价获取的方式相同。为了清晰了解参与需求响应的消费者与不参与的相比减少了多少消耗，必须确定基线消耗。确定这一基线实际上是关键峰值折扣的不足之处，但这是任何此类计划的必要组成部分。文献（Goldberg，2010）对估算实际需求减少的方法进行了详细讨论。确定基线的一些方法示例，可参考 PowerCentsDC。

（1）PJM：三天中相同时间的平均消耗量，在前十个工作日中最高，没有峰值电价。

（2）纽约独立系统运营商（New York Independent System Operator）：前十个工作日中最高的五个工作日。

（3）阿纳海姆公共事业公司（Anaheim Public Utilities）：夏季上半年的三个高峰日。

（4）圣地亚哥燃气和电力公司（San Diego Gas and Electric）：前五个非活动、非假日工作日的平均值。

在 PowerCentsDC 示范项目中，计费月份的三个最高日被用作参考。对于普通消费者来说，项目中使用的最高折扣为耗电量的 2.5～5 倍，而且夏季的值要高于冬季。

为获得消费者的公平基线，另一个校正方法是乘某个系数，进而说明在总体电力消耗较高的日子里，单个消费者的平均消耗较高。根据 2005 年阿纳海姆示范项目的数据，得出的结论是，在关键高峰期，相同时间内不属于需求响应计划的个人消费者的平均消耗比类似工作日高 23%，这意味着基线应该比当天的平均值高出 23%。

5.3.6 阶梯电价

一些公用事业公司中存在一种特殊类型的价格结构，每千瓦时消耗量的价格高于某个月或某年消耗量。这样做的唯一目的是鼓励消费者减少总消耗，该系统在美国普遍使用。例如，圣地亚哥天然气和电力公司将电价分为四级（从 2011 年 4 月 1 日起生效）。

（1）高于 100%的基线：14 美分/（kW·h）。

（2）基线的 101%～130%：16 美分/（kW·h）。

（3）基线的 131%～200%：夏季 29 美分/（kW·h）；冬季 27 美分/（kW·h）。

（4）基线的 200%以上：夏季 31 美分/（kW·h）；冬季 29 美分/（kW·h）。

未来的延伸将是基于消费者每月消耗相关的二氧化碳排放量来提高价格。在这样一个方案下，二氧化碳排放量将根据边际产量或当时的产量按小时来计算。这将激励人们在高二氧化碳排放的时段减少电力消耗。

5.3.7 由于需求响应导致的用电峰值减少

文献（Braithwait, 2010）概述了用户需求响应计划的有效性。不同类型需求响应的峰值消耗减少情况如下（减少前峰值的百分比）。

（1）由于峰值电价，减少 10%～30%。

（2）由于峰值电价以及结合其他新技术，减少 20%～50%。

（3）当用户考虑每小时批发价格时，减少 10%～20%。

（4）当每小时批发价格与技术相结合时，最高减少 33%。

两个有趣的结论如下：峰值电价似乎比小时定价更有效。通过使用自动化技术降低高价格的消耗，需求响应的有效性可以大大提高。需求响应的有效性也取决于气候条件。加利福尼亚州实验中使用的 CPP 价格导致南加利福尼亚州的需求减少约 15%，而北加利福尼亚州的需求减少了约 9%，那里的温度较低。

只有利用现有的需求响应计划，到 2019 年，美国的峰值需求才能减少 4%。将这些项目推广到美国全国将减少 9%（Hamilton et al.，2010）。

表 5.2 汇总了 PowerCentsDC 项目中观察到的峰值下降情况，它表明小时电价不会导致用电量的显著减少。然而，这可能是因为在整个实验过程中，与峰值电价和折扣相当的高价格只出现了两次。尽管峰值电价相类似，但峰值电价导致用电量大幅下降，而且夏季的降幅要大于冬季。峰值电价折扣似乎能提供的激励较少，尽管其在夏季与临界价格提供的激励大致相同。

表 5.2 在华盛顿 DC 实验期间测量的需求响应

奖励方案	峰值降低	
	夏季	冬季
峰值电价	34%	13%
峰值电价折扣	13%	5%
小时电价	4%	2%

工业用户的有效性（或价格弹性）因行业类型而异，能源最密集的行业对高价格最敏感。根据对两个不同公用事业公司进行的研究显示，大约三分之一的工商用户在价格高峰期间的需求大幅下降，完全没有下降的数量约三分之一（Braithwait, 2010）。

5.3.8 系统层面的需求响应

需求响应方案由许多大型系统运营商提供，包括 PJM、纽约国际标准化组织、新英格兰国际标准化组织和中西部独立传输系统运营商（Midwest Independent Transmission System Operator）。这些方案不直接涉及电力消费者，而是与需求响应聚合商相关联，也称为限电服务提供商（curtailment service provider）。这种聚合商可以向批发市场投标一定量的需求减少额度，就像发电机投标一定量的发电量一样。当投标被接受时，聚合商承诺将用电量减少事先商定的数量。为了获得一定数量的需求响应，聚合商反过来与用户签订合同，通过价格激励或强制手段减少用电。在后一种情况下，需要某种信号来关闭用户侧的某些负载。

例如，PJM 主要通过此类聚合商提供大量的需求响应服务。对三种不同类型的需求响应进行了区分。

（1）强制性紧急需求响应。聚合商以一定的容量注册容量市场（capacity market），并以与发电机相同的方式收取容量电费。根据系统运营商的要求，用电量必须减少至商定的容量。这些资源必须每天可用 6 h，夏季可用 10 天。需求响应聚合商被视为发电商，不同之处在于，聚合商必须依赖其用户来提供需求响应。

（2）自愿紧急需求响应。当系统运营商需要额外的容量时，即使没有注册容量市场的聚合商也可以出价。聚合商将收到需求响应的付款，但容量市场不会付款。

（3）经济需求响应，当日前市场价格高时，将在自愿的基础上启动。

聚合工作方式的一个例子是巴尔的摩燃气和电力公司（Baltimore Gas and Electric）向其用户提供的一个方案。作为每月固定补偿的回报，这家公用事业公司可以与参与的用户一起关闭空调和热水器。巴尔的摩燃气和电力公司有大约 300 000 名参与用户，利用这一点在 PJM 经营的批发市场投标 600 MW（Hamilton，2010）。我们在这里看到了一个有趣的情况，即通过削减零售市场来获得输电网层面的需求响应。

5.3.9 关停用电示例

图 5.8 显示了 2009 年和 2010 年瑞典批发市场小时电价的变化（现货价格）。纵轴使用对数标度，以便能够显示 2009 年底和 2010 年初的大价格峰值。

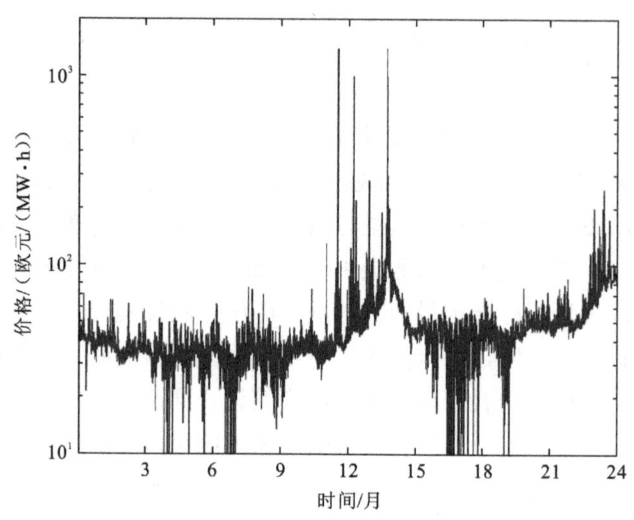

图 5.8　2009 年和 2010 年现货价格的变化（注意对数垂直尺度）

一般模式是现货价格在一年中的大部分时间都保持在一个相当窄的范围内，有些时段的价格非常低。事实上，在 2009 年 7 月 26 日清晨的几个小时里，现货价格为零，这并不是偶然的一年中消耗量最低的时期。当水电站水库被融化的雪填满时，春季的价格也会非常低。冬季消耗最高时，现货价格总体较高，但也出现了一些非常高的价格峰值。这些价格峰值为消费者省钱提供了最大的机会，而这种情况是假设他们的价格与小时现货价格挂钩，并且他们有能力削减消耗或将消耗转移到价格较低的时间段。

假设消费者愿意购买特定价格的电力，当现货价格超过这个限制时，消费者将减少消耗。顾客愿意支付的价格越低，一年中消耗减少的时间就越长，具体如图 5.9 中所示，这是基于图 5.8 中现货价格而来的。对于 400 欧元/（MW·h）及以上的支付意愿，需求响应限于每年几小时；低于 200 欧元/（MW·h），响应需求的小时数迅速增加。

尽管每年只减少几小时的耗电量，但这些时间的电费最高，因此节省的电量可能会很大。年度电费节省如图 5.10 所示。这里假设全年参与需求响应的消耗部分相同，用户愿意支付的价格越高，年度电费就越高。对于愿意支付高于 1 400 欧元/（MW·h）价格的用户，根本没有任何节省量，因为现货价格永远不会高于这个值。当现货价格高于 400 欧元/（MW·h）时，用户不消耗电力，每年参与需求响应的每兆瓦消耗可节省约 7 400 欧元。

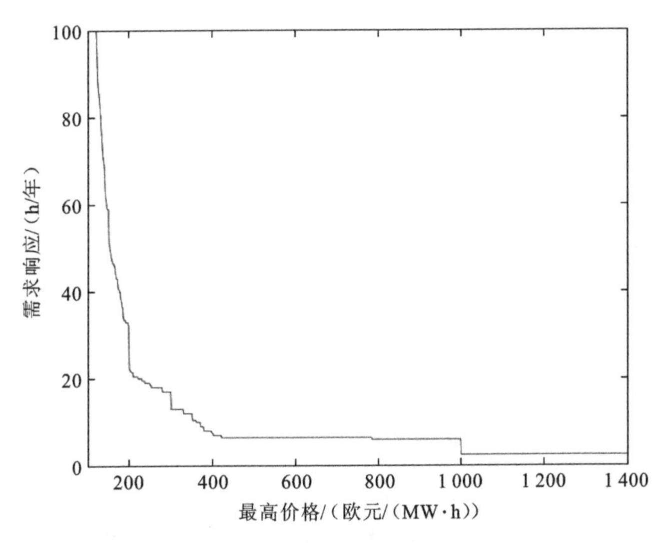

图 5.9　需求响应的小时数与用户愿意支付的最高价格的关系

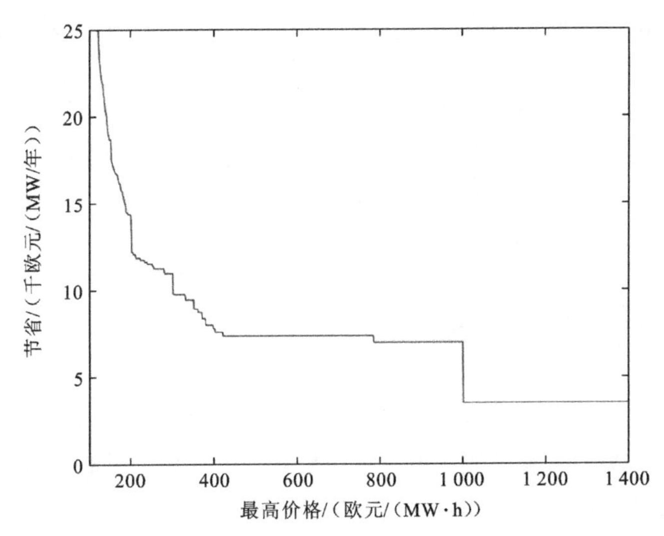

图 5.10　参与需求响应的每兆瓦年电力成本节约（作为用户愿意支付的最高价格的函数）

成本的节省显然是以减少电力消耗为代价的，如图 5.11 所示，横轴表示需求响应所需的时间，纵轴表示年度电费节省的百分比。通过在 1%的时间内切除某个负载，每年的电力成本可以降低 5.5%。

从图 5.9 和图 5.10 中的曲线，我们可以大致得到一个用户通过需求响应可以节省的金额。从图 5.9 中我们可以观察到，当用户愿意支付低于 200 欧元/（MW·h）

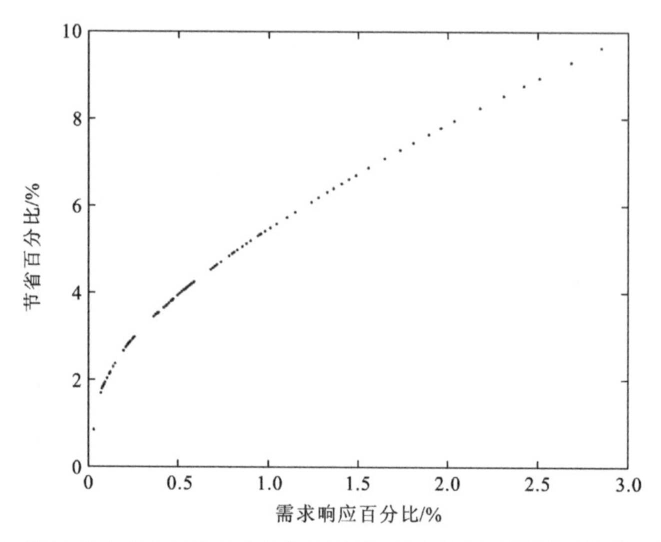

图 5.11　节约成本占年度电力成本的百分比（相对于响应需求时间的百分比）

（20 欧分/（kW·h））时，负载断开的小时数会迅速增加。对大多数顾客来说，这样做很不方便。从图 5.10 可以看出，对于 1 MW 的负载，节省了 15 000 欧元。对于一个每年可以关闭 20 h 的几兆瓦级负载的工业装置，节省的成本巨大。然而，对于一个只有几千瓦负载的用户来说，这可能只是需求响应的一部分，可以节省几十欧元。需要注意的是，与需求响应相关的控制和通信需求对于普通用户和大型工业用户来说都是相同的。

5.3.10　用电量转移示例

在第二个示例中，考虑到特定设备只在每天有限的几个小时内需要电力，而其他时间并不重要。为避免用户产生现货价格，可以采用最低价格小时数。与一天中电价更昂贵的时段用电相比，这将更节省成本。

为了说明收益情况，使用现货价格计算两种情况下的年度电费。在第一种情况下，电力在现货价格最低的时段使用。在第二种情况下，用电从早上 8 点开始，能持续多久就持续多久。这两种情况的成本比率如图 5.12 所示。

对于每天只需要几个小时电力的生产，成本可以降低大约 30%。因此，小时电价和转移消耗的能力可以节省大量资金。当只在工作日（周一至周五）需要用电时，收益甚至更大，高达 37%。

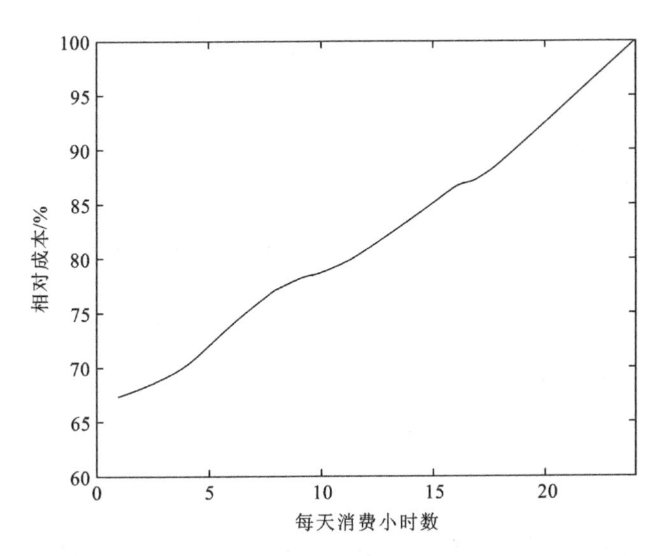

图 5.12 有需求响应的相对成本与没有需求响应（每天只需要有限小时的消耗）的对比

5.3.11 基于二氧化碳排放的需求响应

一种特定类型的需求响应是基于消耗额外的电能（kW·h）而产生的边际全球二氧化碳排放量。所有可以转移的消耗都应该转移到二氧化碳排放量低的时期。除了转移，可以简单地在 1 h 内减少消耗，而不需要在以后恢复。

这样的计划会让消费者意识到使用额外电量的后果。然而，要知晓额外消耗 1 kW·h 电量会导致多少边际排放量并不容易。当可再生能源的电量很大，以至于一些风能或太阳能不能使用时，边际排放量为零。这种情况在太阳能或风力发电量大的系统中会更常见，但在现有的生产组合中，大多数国家和地区仍然很少出现这种情况。

当风能和太阳能的总发电能力可以被电网消纳时，有两种方法计算边际排放量。一种方法是考虑日前批发市场的边际产量。当用电较高时，这个发电能源会产生更多的发电量。然而，这通常需要假设消耗量是事先知道的。如果用户只是在最后一刻决定使用或不使用一定量的能源，那么它将是平衡市场上受到影响的边际源。边际排放将是来自这个边际源的排放。

当大部分发电量来自水力发电或当水力发电用于平衡时，情况又有所不同。我们将谈论利用水坝和水库的水力发电的情况；河流类似于风力和太阳能，在水电占主导地位的系统中，基于平衡功率的边际排放通常为零，也可能存在基于日前批发市场的边际排放为零的情况。但是水库中的能量只能使用一次；消耗量的增加可能会导致以后的短缺，而这种短缺仍然需要化石燃料的电力来弥补。

另一种方法是为用户提供每天任一小时来自日前市场的发电组合的每千瓦时二氧化碳排放量。这实际上不会对全球二氧化碳排放产生太大影响，但它具有重要的教育价值。像类似这种方案的大规模使用也会导致更高的电力消耗，因此，在发电组合应用中有许多低碳的发电能源的时间段，电价将更高。如图 5.3 所示，在“不使用可再生能源”的情况下右侧曲线将向左移动；在“使用可再生能源”的情况下左侧曲线将向右移动。

5.3.12 恢复峰值

基于日前定价（如小时定价或峰值电价）的需求响应计划的一个严重问题是，一旦价格再次降至更常态的水平，就会恢复峰值。需求的大量减少实际上是将需求时间向后转移。这尤其适用于加热和冷却的负荷，多年来一直被认为是轮流停电问题。文献（Goldberg，2010）展示了有无需求响应下小用户的消耗图。如果没有需求响应，峰值功耗约为 3.3 kW。6 h 内的需求响应将原始峰值期间的消耗降低到 2 kW，但作为回报，在需求响应启动后的 2 h 内，它会产生约 3.9 kW 的新峰值。因此，需求响应的最终结果是峰值消耗从 3.3 kW 增加到 3.9 kW。文献（Kiliccote，2009）指出，在需求响应时段之后，作为暖通空调或冷却系统试图使热区恢复正常状态的恢复高峰的一部分，负的需求节省通常会出现。

2007 年进行的需求响应实验中也观察到了恢复峰值（Sæle et al.，2011）。在价格高的时期，耗电量明显下降，但这之后的复苏高峰导致每小时耗电量高于无需求响应的时期。参与该计划的用户的最大小时消耗量从 3.5 kW·h 增加到 5.2 kW·h。

5.4 现货市场以外的市场

5.4.1 不同市场的概述

如前所述，现货市场是日前市场，在市场关闭后，投标具有约束力，现货价格被固定。然而，发电量和用电量不能完全被预测。而在系统的运行期间，发电量与用电量必须相等（在市场术语中称为物理输送（physical delivery））。为了解决现货市场出清所用的预测与实际发电量与用电量之间的偏差，还建立了一些额外的市场。它们一般都可以称为平衡市场，具有非常不同的特征和功能。这些市场的结构因国家和地区而异，不同国家和地区使用不同的术语，可参考文献（Verhaegen et al.，2006）对不同欧洲国家平衡市场进行概述。一般来说，可以区分为以下几个市场。

（1）在日内市场（intraday market）中，交易发生在日前市场关闭与闸门关闭（gate closery）时刻之间，交易可以根据新信息进行修正。当新的天气信息可用时，便可以对风能和太阳能发电的预测值进行修正。该天气信息也可能导致对电加热（冬季）或空调（夏季）耗电量进行修正预测。此外，发电设备或主要输电线路的非计划停电可能会导致日间交易。日内市场可以有许多买家和卖家。

（2）平衡市场中，交易结束后的上下调节通常由系统操作员控制。市场运营商收集上调和下调的报价。通过上调出价，应系统运营商的要求，生产商将产量提高到现货市场量以上；通过下调出价，应系统运营商的要求，生产商将产量降低到现货市场量以下。平衡市场可能有许多卖家，但只有一个买家，这也是典型的系统运营商。

（3）功频控制（power-frequency control）是指，发电量基于电网频率实现自动调整，从而保持发电与用电之间的实际平衡。就像平衡市场一样，可以有很多卖家，但只有一个买家，即系统运营商。卖方对自动增加或减少产量的能力进行投标，即初级储备。一旦接受投标，电力生产中的变化由自动控制系统处理。提供初级储备是有报酬的，之后才是净发电量的结算。

（4）平衡结算（balancing settlement）是指，与现货市场上的出价相比，在数量上的偏差。在某些情况下，市场参与者因偏离而获得报酬，如当用电量较少或发电量较多时。但是，一般来说，偏离出价会受到惩罚。这么做是让系统运营商从造成不平衡的市场参与者那里收回平衡成本。此外，各国的结算规则也不同。

在本书中，我们将平衡市场这个术语用于上下调控。一些美国市场运营商并不经营平衡市场，而是经营实时市场，即每 5 min 设定一次基于实时位置的边际价格。这个实时市场的功能与平衡市场相同。

5.4.2 价格变化示例

这里用瑞典平衡市场的价格变化来举例说明这个市场的一些性质。瑞典的平衡市场导致两种价格，即上调价格和下调价格。通常，两者之一等于现货市场价格。当实际用电量超过现货市场出清时，需要增加发电。输电网系统运营商从那些愿意在短时间内增加发电量的电力生产商购买这种额外的发电量。价格的确定方式与日前市场的价格相同，即按价格对投标进行排序。所有平衡电力的价格由最后一次投标的投标价格决定，这个价格必须接收覆盖所需的平衡电力。那些愿意增加发电量的电力生产商通常会得到比日前市场更高的价格。图 5.13 中的横坐标上方曲线给出了 2009 年和 2010 年全年上调价格与现货市场价格之间的差异。总的来说，差别不大，但在上调价格中可以看到一些高峰值。这表明发电机组缺乏在短时间内增加发电量的时间的意愿。

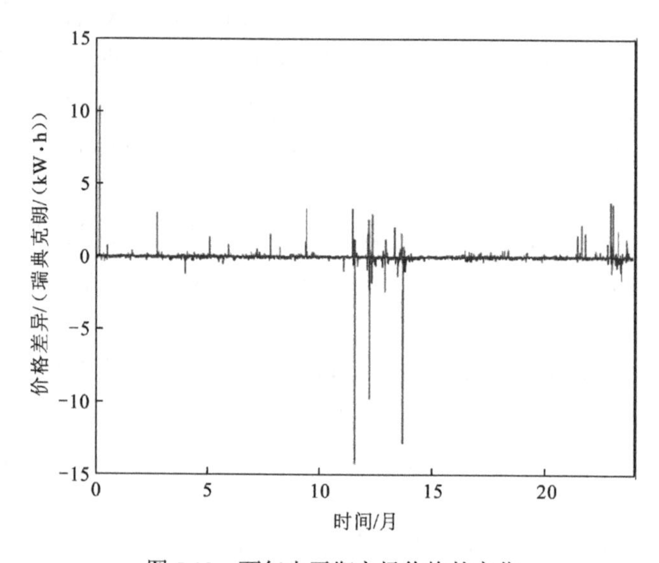

图 5.13　两年内平衡市场价格的变化

当发电量低于现货市场出清值时，发电量就会过剩。一些发电设备将不得不减少发电量。为此，得到现货市场价格与下调价格之间的差额。当需要下调时，下调价格总是低于现货市场价格。图 5.13 中的横坐标下方曲线显示了现货市场价格与下调价格之间的差异（负值）。这是发电设备在短时间内减产时得到的报酬。

图 5.14 给出了曲线的两个放大图。图 5.14（a）显示了 2009 年的一个月情况，当时平衡价格接近现货市场价格，除了一些例外，二者的差异小于 0.1 SEK/kW·h。从这个数字还可以看出，平衡市场定期“改变方向”，有时一天几次，但方向也可以在几天内保持不变。

图 5.14（b）显示了 2010 年初价格差异很大的一段时期。在某些时候，上调价格很高；在其他时间，下调价格非常低；偶尔，下调价格会变成负值。这种情况尤其发生在春季，主要因为冰雪融化导致水电站水库的水过剩。负价格的出现

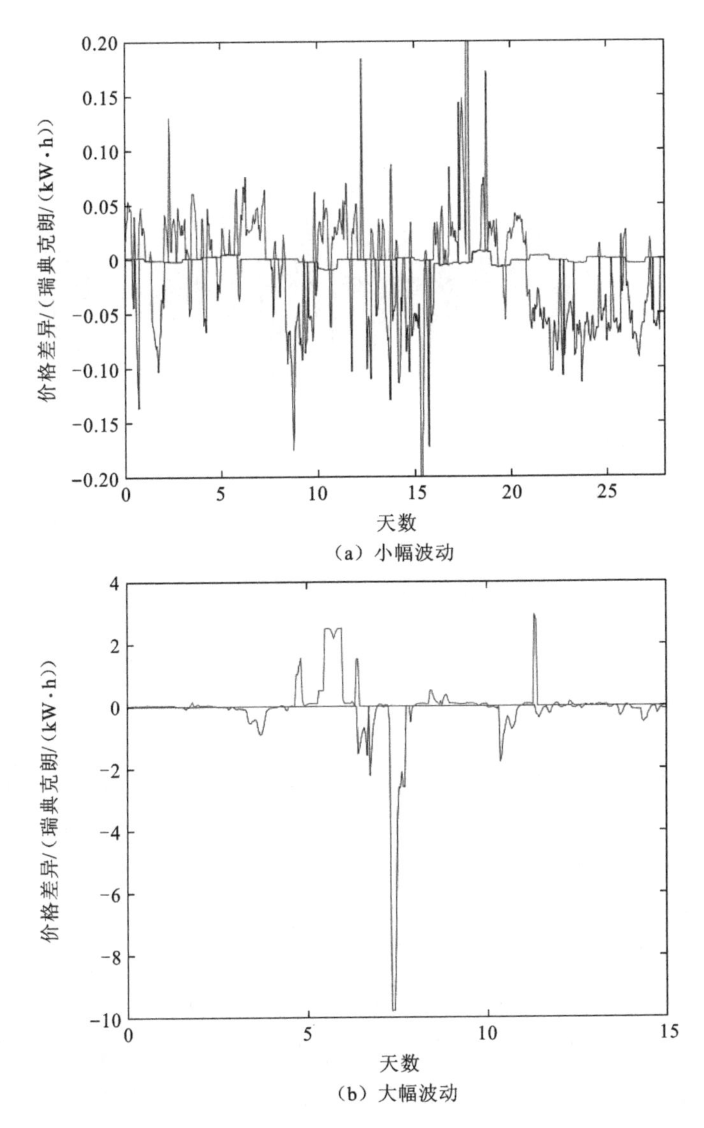

（a）小幅波动

（b）大幅波动

图 5.14 平衡市场上价格在一个月内的小幅波动和大幅波动（注意垂直尺度的差异）

本身没有任何意义，重要的是现货价格与下调价格之间的差值。

瑞典平衡市场的成交量如图 5.15 所示，其中，横坐标上方曲线表示上调节量，横坐标下方曲线表示下调节量的负值。在一些时间里，有上调也有下调，但通常情况并非如此。图 5.15 显示，平衡市场的容量显示出很大的变化，每年都会发生数次因为上调和下调而带来超过 1 000 MW 的电力波动。其中，消耗中的预测误差是产生这些高值的主要原因。

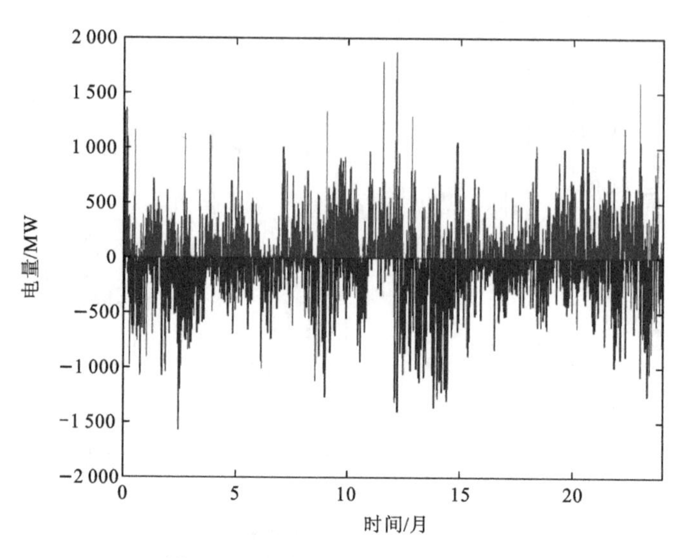

图 5.15　两年内平衡市场的交易量

5.4.3　需求响应平衡

上面主要是假设平衡电力仅由发电方提供，但它同样可以通过调整消耗来提供。在考虑用电量少于发电量的情况时，系统可以不减少生产，而是通过增加用电量来平衡。在这种情况下，用电量为额外用电支付的价格将等于下调后的价格。在某些情况下，下调后的价格为负数。一个偶尔需要电力并且有能力将用电量转移几个小时、甚至几天的用电者，可以在平衡市场上购买，并充分利用较低的下调价格。在某些时候，人们甚至会因为用电而得到报酬。而缺点则是，只有在实际交付时才知道出价是否会被接受。这使得规划变得困难，但是对于某些生产者来说情况并非如此。针对该问题已经开展了诸多研究，如对电动汽车的充电过程进行调整以满足平衡电力的需要。

当发电短缺时，可以通过减少用电量来弥补，即通过需求响应促进上调市场。在这种情况下，用电量低于某个基准所获得的资金是上调价格与现货市场价格之间的差额。

在平衡市场上获取收益的另一种方法是在下调价格较低时购买电力，在上调价格较高时出售电力，这种方法已经被抽水蓄能设备的一些所有者所采用。

5.4.4 需求响应对平衡的影响

在 5.3 节中，我们讨论了需求响应如何导致峰值电价下降。需求响应背后的主要思想是，消费者接触到现货市场的小时电价，并因此得到减少需求的激励，以此作为对价格峰值的反应。但正如前面提到的，绝大多数消费者不是批发市场的一部分，而是零售市场的一部分。批发市场上的结算是基于对市场参与者有约束力的买卖出价。然而，零售市场上没有买方出价，用户可以决定自身消耗而不会有任何后果。因此，零售商不得不估计用户的消耗，才能在现货市场上出价，即零售商必须假设一定的价格弹性。这种价格弹性并不确切，尤其当新的需求响应发生时，它将会影响平衡市场。

考虑高估价格弹性和低估价格弹性两种情况。图 5.16 示意性地显示了这对于消耗的重要性，其中曲线 1 表示用于现货市场出清的价格弹性，曲线 2 表示高估价格弹性时的实际价格弹性，曲线 3 表示低估价格弹性时的实际价格弹性。正是这种价格弹性才决定了现货价格与实际价格弹性无关。预测消耗与实际消耗之间的任何偏差都由平衡市场来处理。

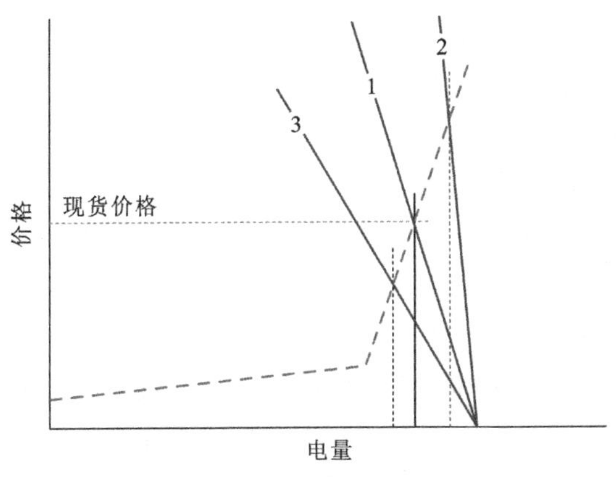

图 5.16 价格弹性对消耗的影响

当价格弹性被高估时（曲线 2），需求减少将低于预期，因此消耗会更高（右侧垂直虚线）。现货市场出清之外的额外消耗必须由平衡市场提供。预计当价格达到峰值时，需求响应将开始产生影响。价格峰值对应于生产能力的短缺。向上调节的市场也可能非常紧张，这将导致平衡市场的高价格。其结果是现货价格的降低不是由实际需求响应所导致，而是由预期需求响应所导致的。现货市场价格不受此影响，而是产生了一个高平衡价格。后者由受电力零售商而不是现货市场价格影响的消费者来承担。

反之，当价格弹性被低估时（曲线 3），现货价格过高，消耗低于预期。后者需要对平衡市场进行大量下调。其成本在很大程度上取决于可用的生产组合。

5.5 市场和网络

电力到达消费者手中时的价格基本上由两部分组成，即能源价格和从发电到用电量的输电价格。前者在很大程度上已经成为一个开放市场，不同的电力生产或销售公司之间存在竞争。在某些国家和地区，电力市场的开放仍然不完全，但总的来说，电力市场走向完全开放的趋势非常明显。

我们可以将消费者支付的电价粗略地分为以下四个部分：

（1）电力损耗；

（2）输电网层面的拥塞和运输成本；

（3）配电网中传输和分配电力的成本；

（4）政府附加费和税收。

虽然我们将支付的电价分成了这四个部分，但却难以让消费者知晓。例如，一些政府正在为可再生能源发电创造激励措施，这些激励措施可以包含在能源成本、网络电价的使用、每个消费者或每千瓦时的固定费用，或者通过上网补贴。同样，拥塞成本可以是能源账单的一部分（如拥塞的边际成本增加了基于位置的边际价格），或者是网络资费使用的一部分（如反向交易）。

现有发展和绝大多数研究涉及能源市场用户的参与度，如通过不同类型的需求响应。每当使用市场分割或基于位置的定价等原则时，输电网层面的拥塞成本都包括在内。在配电网层面，用户仍需为每千瓦时用电量支付一定的费用，而与他们何时用电无关；除此之外，许多配电网运营商每年向每个用户收取固定的费用，这些费用的多少通常取决于订购的电力与用户连接的电压水平。当连接新用户或用户改变其安装位置从而对网络产生影响时，配电网络运营商也会收取连接费用（connection fee）。

正如我们在 5.2 节中所看到的，在输电网层面有防止拥塞的标记机制。然而，在配电网层面没有这种激励措施。相反，通常认为配电网有足够能力来满足市场需求。事实上，这种情况经常发生，原因有很多。建造新的配电线路或电缆比建造输电线路花费的时间要少得多（配电线路需要一两年的时间，而输电线路需要五到十年或更长的时间），这样就可以更容易地防止拥塞。输电系统由控制室持续监控，过载情况一旦发生便可被检测到，并得以缓解。在配电网层面，情况并非如此：输电系统是如此运行；配电系统建成后应独立运行。造成这种差异的其他原因还包括输电系统的可靠性要求更高，以及输电系统更容易受到电力市场开放的影响。

然而实践证明，同样在配电网层面，市场机制的需求已经出现。新型发电（风能和太阳能、家用热电联产）和新型用电（热泵、电动汽车）都需要对配电网进行大量投资。基于价格激励的当地需求响应可能是一种性价比高的替代办法。

通过配电价格产生价格激励的可能性与5.3节讨论的能源价格基本相同，如小时电价、峰值电价和峰值电价折扣。然而，这方面存在一些实施问题，主要与当地市场规模小以及消耗和生产的不可预测性有关。在我们讨论更高级的方案之前，电网资费的一些趋势值得一提。电网资费由三部分组成，其中一些网络运营商仅可使用一部分，也可使用两个部分，还有一些使用所有三个部分，三部分具体如下。

（1）订购费是连接到网络的每月固定费用。这部分资费通常取决于订购电力的多少，订购电力越高，订购费用越高。

（2）能源部分，即每千瓦时的固定量。可能全年相同，也可能取决于用电的时间。一方面，我们看到越来越多的网络运营商引入了分时电价。这将激励消费者减少高峰负荷；基础设施的成本在很大程度上取决于峰值负载。另一方面，我们看到完全取消网络资费能源部分的政治压力。欧洲理事会的一份函件明确指出，未来的网络资费不应再取决于传输的能源量。只要网络运营商的收入依赖于这一数量，鼓励用户节约能源就不符合网络运营商的利益。通过取消资费中的能源部分，就消除了这种阻碍节能的壁垒。

（3）资费中的峰值负荷部分鼓励降低峰值负荷，而网络运营商的收入不依赖于传输的能量。瑞典的几家网络运营商已经开始针对中型用户使用这种模式，两家网络运营商已经为用户引入了这种模式；更多的人正在探索其他模式的可能性。这种资费要求读取电表的间隔读数。

在配电网市场中，网络资费取决于网络的实际负载情况。当本地配电网的实际负载很重时，网络资费的上述部分都不会激励用户调整用电或发电。关于配电网市场可能结构的讨论甚至还没有真正开始，但让我们举个例子来说明这样一个市场可能是什么样的。

用户为使用网络支付年费，除了这个固定部分之外，用户为实际使用网络时产生的边际成本支付可变部分。电价的可变部分取决于用电时当地网络的负荷情况。用户向网络运营商支付或从网络运营商处收取每千瓦时产生或消耗的一定金额。生产和消耗的网络资费可以是正的，也可以是负的，我们将在后面看到。网络电价独立于向零售商支付或从零售商处支付的任何发电或用电的能源费用，这些费用也是按每千瓦时计算，但受批发市场发展和输电系统可能拥塞的影响。

对于四种不同的负载情况，每小时的配电网资费有所不同。

（1）用电量超过发电量，没有拥塞。配电网络运营商的用电或发电的边际成本只是损耗。损耗随电力消费增加时增加，随发电增加时减少。因此，消耗每千瓦时支付一定的价格，而发电每千瓦时获得一定的金额。

（2）用电超过发电，网络拥塞。本地配电网络本身就是一个价格区域。本地竞价机制，最好是实时的，可以设定本地价格，这个价格与批发价之间的差额就是网络资费。另一种结构是配电网运营商在当地购买电力，以防止过载。这可以来自本地发电设备，也可以是需求响应的形式。价格将由当地消费者支付，一旦当地发电量和需求响应不足时，用电价格可能会大幅上涨。

（3）发电超过用电，没有拥塞。事实上，我们回到了第一种情况：配电网络运营商生产或消耗的边际成本只是损耗。但是由于生产过剩，损耗随着发电量的增加而增加。结果，用电者得到了报酬，发电者不得不支付网络费用来弥补损耗。

（4）发电超过用电，网络拥塞。现在的情况正好与第二种情况相反：发电者要支付的价格（以及支付给消费者的价格）将会增加，直到有足够的减产和消费增加，使本地网络不再拥挤。

损耗的价格是配电网 1 h 内的实际用电乘批发市场当地的实际电价。因此，网络资费的使用等于批发市场价格乘当地配电网在 1 h 内的损失百分比。当地批发价低时，损耗成本低，网络资费低。当批发价为负数时，就像在一些市场上可再生能源发电大量过剩时可能发生的那样，损耗成本将变为负数。在这种情况下，当本地生产出现短缺时，本地生产商必须付费。起初，这听起来可能与直觉相反，因为本地发电短缺，应该有增加发电和减少用电的动机，而不是相反。然而，由于配电网络没有拥塞，本地发电量短缺对配电网络并不重要；相反，重要的是全球发电过剩和用电短缺。

在华盛顿州（Pratt，2008）进行的一项实验中，成功地测试了防止配电网络拥塞的市场机制。如图 5.17 所示的电价-容量曲线的简化版本已用于实验。虚折线代表配电网运营商的成本。第一个水平部分代表从中获得电力的馈线，曲线的第一个拐点之前都没有拥塞，所有需求都可以通过馈线供应。当消耗量增加到超出馈线的容量时，有许多燃气轮机可供使用。通过这些燃气轮机发电比输电水平的位置边际价格更昂贵。涡轮机的启动导致电价上涨，虚折线的第二个水平部分代表燃气轮机发电的成本，一旦它们达到容量极限，使用网络的价格再次急剧上涨，不再有任何限制。

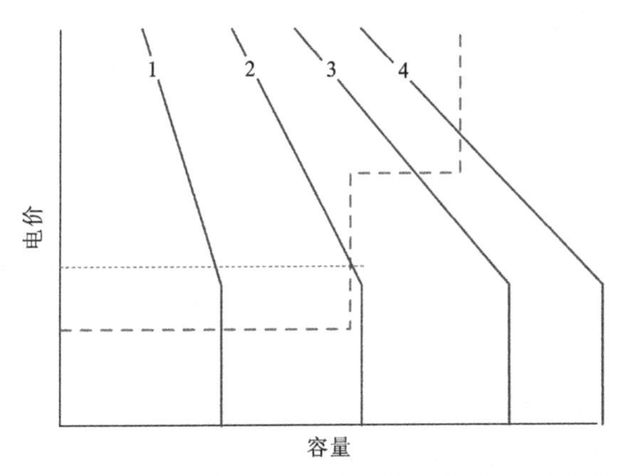

图 5.17　奥林匹克岛实验中使用的配电网络的市场原则

四条实线代表消费者的支付意愿。作为实验的一部分，消费者均配备了智能恒温器（smart thermostats），可以对比固定价格与市场价格。它们仅在温度超出一定范围且市场价格低于用户愿意支付的价格时才运行。曲线中的斜率代表智能恒温器的需求响应。对于曲线 1，需求很小，所有电力都可以通过馈线供电。需求的变化导致曲线在水平方向向左和向右移动。结果将是发电量发生变化，但价格没有变化。随着需求的增加（曲线 2），馈线变得拥塞，需求响应被启动。这是自动完成的，没有必要人为干预。需求的变化将导致价格的变化，而数量将保持不变。当需求增加更多时（曲线 3），消费者愿意支付的价格变得足够高，足以证明燃气轮机的运行是合理的。价格再次变得恒定，数量随着需求的变化而变化。最后，燃气轮机也达到了它们的容量（曲线 4），价格开始以恒定的数值再次变化。

5.6　辅助服务市场

大型发电设备对网络的贡献不仅仅是提供电能，还可以输送给消费者。所有这些额外的方式被称为辅助服务。从大型热力和水力发电机组向小型可再生能源发电的转变，也将影响其中几项辅助服务的可用性。在当前系统中出现辅助服务短缺的情况下，系统运营商确保有足够多的大型设备保持与电网的连接。必须运行的生产（must-run production）有时用于此。除此之外，辅助服务可以从公开市场上的其他供应商处获得。一些辅助服务的市场机制已广为人知，一些市场已经实现。对于其他辅助服务，讨论尚未开始，到其具体实施可能还有很长的路要走。在本节中，我们将简要概述辅助服务以及通过市场机制获得这些服务的方式。几乎在所有情况下，辅助服务市场都是只有一个买家的市场。

5.6.1 备用容量

正如本书之前多次提到的，输电系统的高可靠性建立在保持足够备用容量的基础上。目前，备用容量几乎完全以大型发电设备和额外输电线路的形式存在。尽管通常很少使用或根本不会使用这些备用容量，但是建设和维持这一能力的费用将一直存在，必须从资费或电价中以某种方式支付。

将储备转移到用电方面可能更具性价比。关于储备的讨论见 2.5 节。这种转变需要一种投标机制，在这种机制下，消费者可以根据需求投标以减少消耗。发电设备可以在同一个市场上进行生产投标。大消费者可以直接参与备用容量市场，小消费者可以通过聚合商参与。

以一个小城市为例，通过三条架空线路供电，每条线路的容量为 250 MW。只要该地区的最大消耗量低于 500 MW，这三条线路就能提供安全的供电。超过 500 MW 不会立即导致中断，但是当三条线路中的一条发生故障时，另外两条将会过载。备用容量可以采取需求响应的形式，而不是新建一条线路。在需求峰值为 550 MW 的情况下，网络运营商必须获得足够的报价，以便在接到网络运营商的订单时将消耗降低 50 MW，从而将最大消耗保持在 500 MW。

5.6.2 频率控制

系统操作员使用自动频率控制（也称为工频控制）来维持电力系统中发电与用电之间的实际平衡。在大多数国家，有两种不同类型的自动频率控制。主控制以秒为时间尺度来确保整个互联系统的发电与用电之间的平衡。二级控制较慢，覆盖时间跨度可达几分钟，并确保每个控制区域的平衡。二级控制还用于在失去大型发电设备后，将系统频率恢复到其标称值（50 Hz 或 60 Hz）。（在控制理论术语中，主控制仅仅与比例项 P 相关，而二级控制也有一个相关量，即积分项 I。）

特别是主控制要求有足够的备用（通常称为一级备用，与二级频率控制要求的二级备用相反）。因此，频率控制市场通常被构建为备用容量市场。一旦这个市场上的投标被接受，投标人有义务自动对频率控制做出贡献。结算可以用于保持备用、启动备用，或两者兼而有之。

许多国家和地区已经有一个正常运行的频率控制市场（在 5.4 节已经提到），但是在大多数国家和地区，这项服务仍然只由传统的发电单元提供。然而，已经没有技术上的理由不允许消费者和小发电单元成为频率控制的一部分。对于小型发电设备，运行方法与大型发电设备相同，发电量是系统中频率的函数。当频率为标称值时，发电量等于发电量设定值。然而，在小规模和可再生能源发电可以大规模用于频率控制之前，还有一些问题需要解决。对于可再生能源单元，通常没有发电设定点可以作为参考。取而代之的是，设定点必须根据风速等来计算。另一个潜在的更严重的问题是，其对频率的控制需要备用容量。如果可再生发电设备被用于频率控制，它们的产量将会低于原本的值。除非可再生能源的发电有盈余，否则这将不得不由其他能源（可能是化石燃料）来弥补。

当消费者参与频率控制时，参考点的选择（标称频率的消耗）也是主要的设计问题。这对系统的稳定性可能不太重要，但可能会严重影响解决方案。用户可能会收到基于消耗随机变化的意外付款或账单，而这些变化在参考用电量的计算中并未考虑。当授权单个设备进行频率控制时，参考点的选择可能更容易。对于恒温器，温度设置可以根据频率而定；对于电池充电器，可以调节其充电电流。

5.6.3 无功功率及电压控制

当电压和电流波形不完全同相时，就会产生无功功率。用物理而非数学的术语解释无功功率非常困难，如果可能的话，这里也不会做相关解释。读者可以参考关于电力系统或电路理论的教科书。

除总是从发电到用电的能量流（有功功率）外，无功潮流可以向两个方向流动。无功功率本身与任何能耗无关，但传输无功功率会导致实际能量损耗，并导致电压幅度变化。无功功率被几种类型的电气设备消耗，尤其是感应电动机。轻载时架空线路和地下电缆都会产生无功功率，且地下电缆比架空线路多得多。输电线路在正常或重载时消耗无功功率；负载变压器也消耗无功功率。像有功功率一样，无功功率也必须保持平衡。无功功率的净发电或用电主要由大型发电单元提供或吸收。电容器组也产生无功功率；同步电容器和某些类型的电力电子设备可以按需产生和消耗无功功率。

网络运营商通常需要大型发电单元来促进无功功率平衡。输电网层面的无功潮流与电压控制密切相关。无功功率平衡主要通过发电设备所连接总线的自动电压控制来保持。输电系统运营商进行无功功率调度，并确保在无功功率方面也有足够的储备。

目前还没有无功功率市场，但是相关学者已经提出了类似的市场。在这样一个市场上，可以由大型发电单元的所有者（传统供应商）投标，也可以由消费者甚至市场上的新参与者投标。在引入无功市场之前，必须解决的一个问题是，网络运营商对无功补偿设备（如电容器组）的所有权。任何无功功率市场的一个重要特性是，它将是一个相当局部的市场；无功功率不可能在不造成重大损失和增加不稳定风险的情况下长距离运输。其结果是，很可能只有少数竞争市场参与者，其中一个参与者可以轻松地主导市场。这对一个可行的无功市场可能是一个严重的障碍。

在配电网络层面，无功潮流的结果主要是损耗增加，但也影响电压控制。许多网络运营商确实向用户收取无功功率过度消耗的费用。在未来的市场中，电网用户可以根据其无功功率消耗或生产造成的边际损耗成本进行收费或付费。

基于电网用户对电压上升或下降的影响，可以在配电网层面建立电压控制市场。只要电压在一定范围内，就没有市场活动。然而，当电压高于允许范围时，对降低电压有帮助的用户将得到补偿，而导致电压升高的用户将不得不付费；当电压低于允许范围时，情况正好相反。这种电压控制市场与 5.5 节讨论的网络市场有相似之处，甚至有重叠之处。运行良好的网络市场可能会使电压控制市场变得多余。当过压或欠压时，可以被视为拥塞。独立电压控制市场的优势是，它可以激励电网用户为电压控制做出贡献。然而，这要求网络市场与电压控制市场不要相互干扰。

5.6.4 短路容量

用新能源发电取代传统发电的优势之一可能是降低输电网络层面的短路容量。然而，这可能会影响电压质量和稳定性。当短路容量变得太低时，输电网络将不得不从某处获得短路容量。现有的解决方案是利用干预市场，并在系统中保留一些大型发电单元。未来的解决方案可能是形成短路容量市场。

目前，对短路容量没有最低要求，但一些国家监管机构计划已经引入此类要求。如果没有这样的要求，网络运营商可能更适合建立单独的市场，如为了保证电压质量和稳定性的市场。

5.6.5 电压质量

保证足够电压质量的市场协议已在电能质量领域定期开展讨论，并可在一些文献中找到相关建议。文献（Yang et al.，2006；Driesen at al.，2002）提出了一个谐波发射许可交易系统。在其他建议中，基本思想是让用户为引起某种干扰，如谐波畸变而付费，而对于减少该谐波畸变的用户将获得付费。与配电市场的拥塞情况一样，当电压扰动水平变得过高时，污染用户的网络资费也会增加。

以配电网运营商最关心的五次谐波问题为例。当五次谐波电压超过5%时，将为每个具有五次谐波电流的用户调整网络资费。调整量将基于五次谐波电流的幅度和相角。如果该电流会增加五次谐波电压的幅度，用户将不得不支付更高的网络费用。拥有五次谐波电流以降低五次谐波电压的用户将支付更低的网络费用。

然而，这种市场的实施存在许多未解决的问题，其中之一是，在进行计算之前，需要精确测量谐波电流和系统的详细信息。由于准确验证十分必要，在与谐波发射相关的交易中也存在测量问题。关于这类市场的研究中没有解决的另一个问题是，谐波总发射量总是小于单个发射量的总和，这种抵消效应强烈依赖于时间，很难预测。

5.6.6 黑启动

输电系统具有极高的可靠性，但偶尔也会出错，导致停电。一旦停电，恢复供电将变得既困难又耗时。所有用户可能需要几天才能恢复供应。其中一个重要原因是黑启动（black start）的发电量有限。大多数大型发电单元需要电网才能开始生产；同时，输电系统需要来自发电单元的某些辅助服务（主要是无功功率）。事情变得更加复杂，因为一旦停止，许多大型发电单元需要很长时间才能启动。当电网消失时，许多发电单元也会自动停止，因为它们无法将发出的电力送去任何地方。核电站可能需要几天时间才能重新启动。包括核电站在内的一些大型电站有能力在电网中断时迅速降低产量，并进入孤岛运行，仅供应维持机组运行所需的用电。

为了能够在停电后恢复输电系统，输电系统操作员需要访问多个具有黑启动能力的发电单元。此外，应该有足够数量的具有孤岛运行能力的发电来限制恢复系统所需的时间。通常没有电站只为黑启动或具备孤岛运行能力而保留。

然而，具有这些能力的发电单元也会产生相关费用，尽管它们每十年或更短时间才需要一次。在这方面，市场协议可能是一个性价比高的解决方案。尤其那些新的发电形式能够比大型机组更容易提供黑启动和孤岛运行能力。甚至有人讨论当停电后，从配电层开始重建系统，而不是像目前普遍的做法那样从输电层开始。

黑启动容量市场就像一个运行备用市场，但储备的利用率更低。因此，支付应该主要是为了有可用的储备。一个重要的问题是网络运营商要验证所提供的黑启动功能在需要时是否确实可用。

5.6.7 电网的孤岛运行

配电系统各部分的受控孤岛运行已在 3.5.3 小节作为微电网的一种进行了讨论。这种受控孤岛运行在自下而上重建电力系统时也很重要。网络运营商通常不拥有发电单元，因此将不得不依靠其他人来提供服务，以将电网的一部分作为孤岛来运营。可以建立一个市场机制来提供这种服务，市场的建立类似于运行储备市场。似乎合理的假设是，只有当中断很常见时，受控孤岛运行才会由网络运营商确定，从而导致备用容量被相当频繁地或长时间地启动。

孤岛运营服务的费用可以基于可用性、启动，或两者均包括的原则制定。像所有备用市场一样，应该建立一个机制来评估孤岛运作的能力，还可以决定对不能提供服务的市场参与者进行罚款。

5.6.8 惯性

引入新能源发电的另一个后果是，系统中存在的惯性总量可能会大幅下降。许多现代风力发电装置和分布式发电机不会贡献系统惯性，其后果是频率不稳定和角度不稳定的风险增加（Bollen and Hassan，2011）。

提供足够的惯性而不获得大的旋转动势在技术上是有挑战性的，但也不是不可能的。事实上，文献中讨论了几种利用基于电力电子接口的风机和微型发电机提供人工惯性的建议。一旦该技术可用，建立惯性市场就相当容易了。事实上，频率控制市场与惯性市场之间没有真正的区别。在这两种情况下，控制系统只需要一个局部参数（频率）作为输入，而市场参与者的位置则显得并不重要。不同之处主要在于所需的控制算法，这些算法不仅需要具备惯性，速度也要比频率控制快得多，但所需的速度不是现代电力电子变换器所关心的问题。

5.6.9　稳定性

在电力系统中，稳定性以多种方式保持。最常用的方法是简单地使系统的工作点远离任何不稳定性，这就是所谓的运行储备，在本书中已经讨论过几次。然而，即使储备不足，仍有许多方法用于保持系统稳定，文献中还提出了更多方法。已经在现场实施的一个例子是使用电力系统稳定器（power system stabilizer）来抑制区域间振荡（inter-area oscillation）。区域间振荡是由大型互联系统中不同位置的大型电站控制器之间的相互作用而导致的。这些振荡的频率约为几秒钟，并且其阻尼通常非常小。因此，许多大型电站通常配备一个额外的控制系统，即电力系统稳定器，为这些振荡提供额外的阻尼。

电力系统稳定功能也可以由电力电子变换器来实现，虽然它们通常用于其他目的，如现代风电场中的变换器。在次同步谐振期间进一步使用这些电力电子变换器提供阻尼的研究和开发也在进行中，以防止或延迟角度和电压不稳定。

一旦该技术可用于缓解不稳定性，网络运营商可以决定购买稳定性服务，如从风力发电站购买。有可靠的方法防止不稳定则可以减少运行备用容量，从而增加通过输电系统的传输容量。

5.6.10　概述

表5.3给出了上述不同辅助服务市场的概述。市场的比较基于以下标准。

（1）服务可以从系统的任何地方提供，还是只在靠近需要服务的地方提供？

（2）这项服务是经常启动还是只在少数情况下启动？

（3）服务是否可以仅使用本地测量来启动和控制，或者需要通信基础设施？

（4）整个电力系统的许多地方都需要这项服务，还是只在有限的几个地方需要？

表5.3　未来辅助服务市场

服务	任何地方?	时常 启动了吗?	当地测量?	需要 到处都是?
备用容量（生成）	是	否	是	是
备用容量（输电）	否	否	否	是
频率控制	是	是	是	是

续表

服务	任何地方?	时常 启动了吗?	当地测量?	需要 到处都是?
无功功率（输电）	否	是	否	是
电压控制（配电）	否	是	?	否
短路容量	否	否	?	否
电压质量	否	是	否	否
黑启动	是	否	是	是
孤岛操作	否	否	否	否
惯性	是	是	是	是
稳定性	否	否	是	否

这些标准，除经济和技术的可用性外，还决定了一个市场将来是否会得到发展。假设技术是可用的，最有可能发展的市场是对上述标准回答“是”最多的市场。其中频率控制的两个市场有四次回答“是”，许多国家和地区都已经存在这种市场，但在大多数情况下仅限于大型发电单元。

5.7 电网用户

前面章节主要是从电网的角度介绍应对新挑战的措施。在本节中，我们将把视角转移到电网用户。5.7.1 小节将描述一般电网用户及其与外部系统（电网和不同电力市场）的不同接口。接下来，将讨论不同类型电网用户的参与方案：5.7.2 小节讨论小型消费者，5.7.3 小节讨论小型和大型发电设备，5.7.4 小节主要讨论储能，5.7.5 小节讨论中大型用户，5.7.6 小节（电动汽车）和 5.7.7 小节讨论一些特殊类型的电网用户（微电网和虚拟发电站），5.7.8 小节讨论电网用户与电网之间的通信。

5.7.1 一般电网用户

图 5.18 系统地显示了一般电网用户与电网之间的各种交互。在一般情况下，电网用户可以访问用电、发电和储能，所有这些都是可控制的。控制可以是手动的（在这种情况下，图中的电网用户是人）或自动的（在这种情况下，电网用户

指电网用户控制系统)。图 5.18 显示了一般情况：尽管一个新的趋势是消费者在电表一侧也有一些发电设备，但是大多数电网用户扮演发电或用电的角色。这种情形预计在未来会有很大的增长，如第 2 章所述，这是智能电网背后的驱动力之一。电网用户中拥有储能则相当罕见，抽水蓄能装置除外。但是这里也有一个趋势，即消费侧用户对储能的使用越来越多。

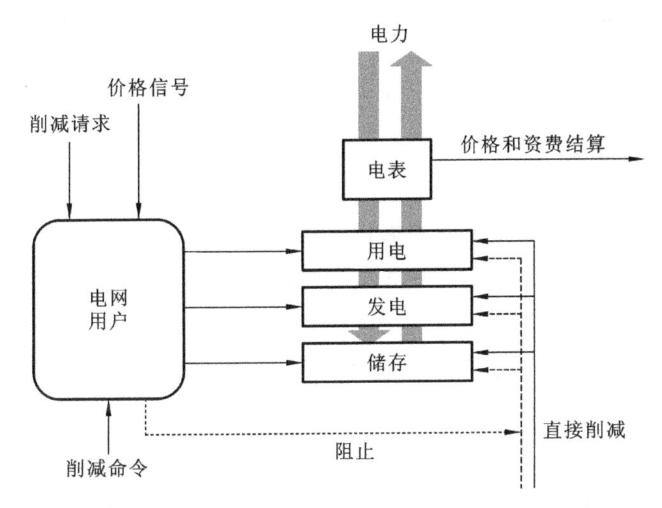

图 5.18 电网用户与电网：电力潮流与通信

电网用户与电网之间以电能流动的形式（潮流）实现物理交互：电能可从电网用户到电网（发电）或者从电网到电网用户（用电），并在任何时候都只有其中一种形式存在，要么生产，要么消耗。甚至在每一个时间间隔（5 min、1 h、1 年等），电网用户要么是电能生产者，要么是电能消费者。

通过改变潮流，电网用户可以支持电网或者使电网变得更糟。电网用户从外部系统获得许多激励来改变电力流动以支持电网，更准确地说，支持产生激励的利益相关者。这一章和前一章已经讨论了各种激励措施是如何产生的。电网用户可通过多种方式获得奖励。

（1）价格信号。电网用户必须为无法支持电力潮流支付更高的价格。例如：当电网发电不足时，消耗价格更高；同样，如果发电过剩，电网用户将获得更低的发电价格；在极端情况下，电网用户甚至可能不得不支付发电费用。

（2）限电请求（curtailment request)。要求电网用户以特定方式改变潮流，如减少 25%的发电量。通常也会有与此相关的财务激励，但这也不是必需的。

（3）限电命令（curtailment order)。电网用户被命令以特定方式改变潮流，如切除用户侧所有电力生产。这通常是电网用户自愿参与的运行储备市场的一部分。尽管参与是自愿的，但实际的限电对参与者来说是强制性的。限电命令也可能是连接电网条件的一部分。

除这些激励措施外，还有直接限电措施，即电力市场上的一个参与者，例如，需求响应控制器或配电网络运营商均可以对用户场所内的设备进行限电。这些直接限电信号中的一些可能会被电网用户拥塞，而另一些则不会。在前一种情况下，这实际上是一个限电请求，但默认答案是接受请求。无法阻止的直接限电相当于限电命令。

5.7.2 小型消费者

小型消费者，无论是家庭消费者还是小型商业消费者，都可以使用一系列设备，这些设备可以根据激励信号投入或切除，或者作为限电方案的一部分。基于此的分支部分属于四种消费方式之一（Brooks et al.，2010）。

（1）消费者立即注意到其缺失的用电量，以及用电恢复后影响继续存在。台式电脑就是一个例子，它们需要重新启动，当计算机关闭时，数据可能会丢失。对于许多家用电器，如洗衣机或洗碗机，在使用过程中关机需要重启程序。此外，关闭烤箱，通常需要重新开始烹饪。有些消费者甚至还会带来安全问题，如楼梯上的照明。

（2）消费者立即注意到其缺失，但影响主要限于供电中断期间的用电量。大多数照明、电视和收音机，一个带笔记本电脑的外部屏幕，都是该类型用电的例子。

（3）消费者仅在一定时间后才注意到其缺失的用电量。加热和冷却是典型的例子，稍后会有更多关于这方面的信息。

（4）用电量可以很容易地转移到稍后的时间，甚至几个小时之后，而不会影响用户。各类电池的充电都属于这一类，尤其是未来电动汽车的电池。而且洗衣机和洗碗机的使用通常可以转移到一天中的另一个时间，甚至另一天。根据文献（Brooks et al.，2010）所述，高达33%的负载有可能属于需求减少后不会对最终用户产生重大影响的消费者。

加热和冷却方面需要进一步讨论。主要的加热和冷却负荷包括空间加热和冷却（空调）。当关掉暖气时，一栋建筑将开始降温；确切的冷却过程很难描述，不仅包括建筑物内外的温差，还包括额外的冷却因素，如风和湿度，以及额外的加热因素，如日晒。打开门（进入或离开大楼）也有很大的影响。然而，一个很好的近似方法是将其描述为具有一定时间常数的指数衰减，即建筑物的热时间常数。

例如，当热时间常数为 25 h，内部与外部温度之间的差异将每小时下降 4%（1/25）。同样的道理也适用于夏季关闭空调后的建筑供暖。

建筑物的热时间常数变化很大，很难获得准确的信息。现有信息适用于隔热良好的建筑，通常不包括风、日照或开门的影响。热时间常数的引用值为 25～60 h。

让我们考虑两个极端的例子（非常低的温度和非常高的温度），看看这对需求响应方案中加热和冷却的使用意味着什么。使用极端温度的原因是，在这种情况下，最有可能需要降低消耗。

假设室内温度为 23 ℃（73 ℉），室外温度为−25 ℃（−13 ℉）。考虑中断持续 4 h，热时间常数（隔热良好的建筑物的范围下限）为 25 h，温度将下降

$$\frac{4}{25}\times[23-(-25)]=8\ ℃ \tag{5.1}$$

4 h 后，大楼里的温度会降到 15 ℃（59 ℉）。这虽然有点冷，但可以接受。

以夏季为例，考虑内部温度为 20 ℃（68℉，由于某种原因，内部温度在炎热气候的值往往低于寒冷气候），外部温度为 41 ℃（106 ℉）。中断 4 h 后，热时间常数均为 25 h 的情况下，温度将上升 3～23 ℃。这是完全可以接受的。

但以上结果是针对隔热良好的建筑，而且周围还有很多隔热不太好的建筑。相反，假设热时间常数为 8 h。以冬天为例，4 h 后气温将降到 4 ℃（39 ℉）。以夏季为例，气温将上升到 28 ℃（82 ℉）。冬季的情况肯定是不可接受的，即使是夏季的情况，顾客也可能难以接受。

结论是，对于隔热良好的建筑，供暖或制冷中断 4 h 是可能的，但对于隔热不好的建筑，则不可能。短期关闭加热或冷却是所有单个用户都可以接受的解决方案，但恢复峰值可能会使消耗量的净减少相当小。能源消耗的净节约主要是由于较低的温差而降低了对环境的热损失。为了能够降低总消耗量，必须降低温差，从而改变室内温度。

还有另一种可能性。建筑物的隔热性能越好，在几个小时内完全关闭供暖或制冷的动机就越有吸引力。隔热不良的用户很可能不会签署这样的计划，结果他们的电费会变得更高。这反过来将为更好的隔热提供额外的激励，从而降低峰值消耗和总能耗。

除完全关闭加热或冷却外，可以取消恒温器设置，这可以手动或自动完成，其对功耗的影响如图 5.19 所示。设置改变后（在 T_0 时刻），所有加热和冷却将立即关闭，消耗降到零。我们假设环境的变化足够大，不到 1 ℃的变化可能是不够的。还要注意，图 5.19 仅显示了作为限电方案一部分的加热或冷却消耗。

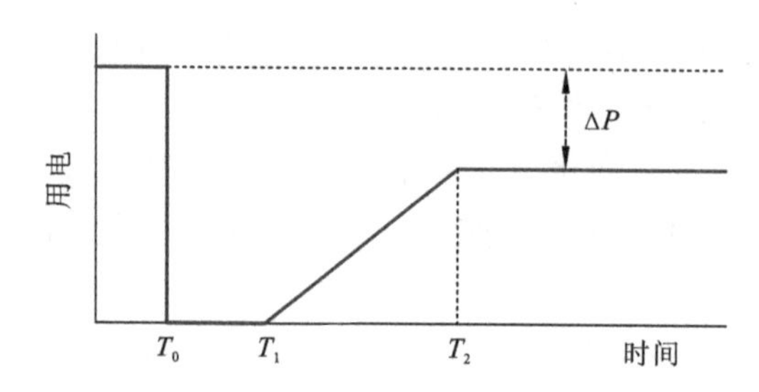

图 5.19　恒温器设置改变后引起功耗下降

当温度降到恒温器设置以下时，个人消费者的消耗将再次回升。这将首先发生在具有低热时间常数的建筑物上（在 T_1 时刻），最后发生在具有高热时间常数的建筑物上（在 T_2 时刻）。之后消耗稳定在比以前更低的值。消耗量的下降 ΔP 与恒温器设置的变化成比例。

同时考虑 4 ℃的变化以及与前面示例中相同的温度和热时间常数（8 h 和 25 h）。对于冬季情况，我们发现 T_1=40 min，T_2=2 h，ΔP=4%。在夏季时候，结果是 T_1=1.5 h，T_2=5 h，ΔP=19%。尤其是对于夏季的情况，即使在几个小时后，减少幅度也很大；第 1 个小时，降幅甚至达到 100%。冬季消耗的减少更加困难，因为室内与室外温差相当大，甚至超过 2 倍。

在家庭自动化（home automation）方面，对于目前已实施的几个计划或部分示范项目，用户会收到大量关于激励措施的通知，如前一天下午会收到小时电价的通知。此外，对于峰值电价和峰值电价折扣计划，也将在前一天发出通知。基于这些信息，电网用户可以计划一天中的用电量，如尽可能将用电转换到低价期间，并关闭空调或更改恒温器设置。

这种人工干预需要持续的关注。另一种方法是从电网获取可能被电网用户阻断的限电信号。但这仍然需要一些关注，因为限电并不总是可取的。一个可以根据每个用户的意愿进行调整的解决方案是将一种家庭自动化中的用电量控制与本书范围之外的许多其他功能结合起来。

当参与平衡市场或实时市场时，或者当提供必须根据要求快速提供的运行储备时，手动控制不再可能，这个时候则需要将某种控制系统作为家庭自动化的一部分。

文献（Lui，et al.，2010）提供了家庭自动化的详细描述，中央控制器负责处理有助于家用消耗的不同设备，可以控制的电器有洗碗机、干衣机和冰箱。这些设备可以在 60～90 min、20～60 min 和 40～60 min 内分别关闭，而不会对用户产生不利影响。干衣机的峰值消耗最大，为 3 kW 以上。因此，这也将为降低峰值负载提供最大的机会。

然而，洗碗机、干衣机和冰箱在美国国家层面对总电力需求的占比分别仅为0.11%、0.08%和0.05%。但是，这些最大的电力需求几乎不会在一天中的同一时间出现。当所有这些电器都成为需求响应计划的一部分时，更大区域的总消耗量减少量仍仅为0.2%左右。任何需求响应方案的主要收益仍将来自供暖和制冷，未来可能还有电动汽车的充电。

5.7.3 小型和大型发电

当电网用户能够访问生产时，更容易对价格信号、限电请求或命令做出反应。但这里也有不同类型的生产，这关系到它们对减少生产的激励做出反应的能力，具体如下。

（1）减产的后果只是损失发电收入，增产又快又容易。在这种情况下，很容易做出决策：当电价过低（或在某些情况下为负值）时，生产将停止。大多数可再生能源发电都属于这一类，如太阳能、风能和大型水力发电。在热力机组中，只有燃气轮机属于这种情况。

（2）减产的后果与第一类相同，但增加减产或重启是一个漫长而困难的过程。大多数大型供热装置都属于这种情况。

（3）产量的减少除损失收入外还有其他后果，例如，大多数热电联产机组的发电量与热需求相关联，减少发电量会减少热量的产生。对于家庭应用而言，室内温度会下降（参见本节前面的讨论）；对于工业装置，产热量的下降通常会导致设备关闭。

上述分类适用于减产，但在某些情况下，需要增加产量（在现有电网中，这实际上更常见）。只有对某些单位来说，才有可能在短时间内增加产量。水力发电装置和燃气轮机是最好的装备，也是最常用的。风力发电装置和太阳能发电装置可以在一定的储备下运行，以便应要求增加产量，但结果是，几乎在所有情况下，二氧化碳排放量都全面增加。从排放的角度来看，任何能够刺激这种储备的市场结构都可能不是最有效的。

热电联产在某些情况下可以提高产量，例如，当它与蓄热相结合时。此外，额外的冷却可以增加发电量，而不会增加热量，从而导致效率降低，因为额外的热量（40%～60%的能量）将不被使用。事实上，边际产量相当于燃气轮机的产量。允许热电联产装置增加产量还需要对该装置进行额外投资。丹麦和德国研究了热电联产机组在平衡市场的参与情况，这两个国家都有大量的热电联产和风力发电。

用户也可以决定将热电联产与电加热结合起来。当电价高时，使用热电联产机组，卖电的收入补偿煤气的成本；当电价低时，使用电加热，这当然是假设天然气价格或任何其他燃料的价格不会遵循与电价相同的价格模式。天然气市场与电力市场之间的相互作用是一个尚未充分研究的课题。

现场生产的另一个应用是当电价变高时开始备用发电。这又是一个相当简单的权衡：当用应急发电机（emergency generator）发电比用电网发电更便宜时，应急发电机就会启动。这将有助于提高可获得备用电源的工业用户的价格弹性。当这些用户中的大多数都订购小时电价时，他们的价格弹性将使零售市场的电价永远不会高于备用发电机的燃料价格。

5.7.4 储能

当一个电网用户可以使用自身储能设备时，可能性会再次增加很多。储能既可用于发电，也可用于用电侧。基本原则相当简单：便宜时买电，贵时卖电。只要价格差异大于转换和储存的损耗加上由于循环而造成的设备寿命损耗，就可以获利。但是，细节要复杂一些，需要仔细规划以使利润最大化。其原因是储能安装很昂贵，而且成本会随着储能容量的增加而增加，有时甚至比线性增长还要快。因此，所有者想要限制储能容量。一旦储能单元充满能量，就再也不能以低价买电了；一旦储能单元中的电能释放完毕，就再也不能以高价卖电了。由此可知，买卖必须基于预期的电价。现货市场价格通常可以提前知道，甚至可以提前几天对其合理预测。而平衡市场上的价格很难预测（如果可以预测的话），但在平衡市场上，买卖之间的差异最大，这通常是可以获得最大利润的地方。

目前正在将太阳能和风力发电设施与储能结合起来研究。文献（Hara et al., 2009）介绍了在太阳能装置中应用储能的几个案例。在一个示范项目中，有 550 名国内用户安装了 3～5 kW 的屋顶太阳能电池板。每个用户都安装了 9 kW·h 的电池组(4 900 A·h)，以防止太阳能发电带来过电压和电网过载。同样在日本，500 kW 的蓄电池组与 2 000 kW 的太阳能装置一起安装。这里的储能用于补偿小时内电力生产的波动。最近，一些装置已经投入使用，如将电池储能与风力发电装置相结合。电池储能也作为几个微电网项目的一部分与电动汽车一起进行研究。具体将在以下各小节展开讨论。

5.7.5 中型和大型用户

工业用户通常有许多不同的用电过程和设备。完全非计划中断的成本可能非常高，但计划中断的成本通常要小得多。需求响应变得有吸引力的价格激励应该与计划中断造成的成本进行比较。这些成本平均为每千瓦时几美元，这在单个用户之间有很大的差异。目前零售市场的最高价格高达每千瓦时几美元。因此，在高价格时期，工业用户的需求响应有一定的潜力。

计划中断的实施成本通常考虑了整个安装的供应损耗。通过需求响应，用户可以选择对安装影响较小且保持重要过程持续运行的部分设备。每当能够存在中间产品或最终产品存储时，这就为电价高时降低消耗提供了可能。设备之间的可选性差别很大，但在所有情况下，参与需求响应的策略都需要一些组织主体。然而，对于大型工业用户来说，额外成本很小。这种装置通常配备自动化和控制室，所需的投资比较少。

对于商业用户来说，空调（冬季供暖）为需求响应提供了主要机会。上面关于热时间常数的讨论也适用于商业用户。一些商业用户拥有大型制冷设备，这同样也提供了一些机会，但应用可能会受到限制，例如，食品和健康法规要求要严格控制温度范围。

5.7.6 电动汽车

大量插入式电动汽车的快速引入将对电网构成巨大挑战。如果不进行任何充电协调，将会出现过载，尤其是在农村配电网。因此，从汽油驱动到电动汽车的过渡需要对电网进行大量投资，或者需要一种减少车辆充电对电网影响的解决方案。

车辆充电也会带来谐波发射的问题，但我们不会在此讨论这些问题。相反，我们将只讨论限制车辆充电对电网峰值负荷贡献的方案。每当电网负荷低于峰值负荷时，任何额外的用电都不会引起太大的关注，唯一的影响是损耗增加。

电动车辆每天的能源使用量估计平均为 10 kW·h，充电通常每天需要 2～5 h，因此消耗 2～5 kW·h。快速充电需要更高的有功功率。然而，该车每天在家充电 10～15 h，在办公室充电 8～10 h（Brooks et al.，2010）。在文献（Ungar，et al.，2010）中，预估了 2017 年 10 个大都市的电动汽车总用电量。通过在 8 h 内扩展充电，电动车辆的最大用电量降低到非受控最大用电的 25%。当扩展超过 12 h 时，最大消耗量甚至下降到 15%左右。

大量寻求降低电动汽车对电网峰值负荷的贡献方法的研究正在进行中。这些方法被广泛称为智能充电（smart charging）。一些被讨论过的方法表明，当总消耗（充电加上其他一切）过高时，网络运营商可以阻止充电。这种解决方案非常类似于在几个地方使用可进行限电的电锅炉或空调装置，这种方案正在更多的地方进行研究。当用户已经订购了小时电价、峰值电价或峰值电价折扣时，就有强烈的动机在高峰时段之外（即当电力更便宜时）对车辆充电，因此不需要额外的激励计划。

正在进行的一项具体研究涉及电动汽车数量的控制。这些汽车可能都在同一个地方，也可能在不同的地方。当然，有些地方有许多汽车，如提供收费设施的停车场或车库，但也有向员工提供这些设施的公司，如公寓楼的停车场，或以使用汽车为主要活动的公司，如出租车公司。但是汽车也可以分布在许多地方，如受控的充电遍布整个城市或大部分农村。

目前正在研究几种不同的结构，但总的来说，车主与充电供应商（charging provider）之间会签订合同。该充电供应商与电力零售商的角色相同，但仅适用于电动汽车。每个用户在给汽车充电时，都会指出汽车应该充满电的程度以及在哪个时间点之前充满（如明天早上 7 点充满电，或者 20 min 充满电）。充电供应商安排充电，以使成本最小化。在某些情况下，充电计划中也会考虑预防电网过载。将来，也可以通过市场来防止电网过载，具体见 5.5 节。

首先，充电供应商将根据当天的市场价格制定其主要时间表。其次，充电供应商可能会参与平衡市场，以进一步降低成本。假设有可能找到一种方法来区分现货市场与平衡市场的消耗，而通过让充电供应商对提供平衡负责也能实现这一点。这将要求他们在日前市场上购买投标，并必须确保他们遵循预测的消耗量。

其他研究则更侧重于让充电供应商活跃于平衡市场。根据文献（Brooks et al., 2010）所述，在 20 年内通过电动汽车可能可以实现所有的平衡。PJM 是一个拥有约 5 800 万用户的地区独立系统运营商，这将需要 320 万辆汽车。在德国，类似研究得出的结论是，对于平衡市场来说，3%～5%的车辆参与就足够了（Dietz et al., 2011）。

电动汽车在平衡市场中的最佳参与方案不仅需要制定充电时间表，还需要在电力价格非常高（平衡市场的上调价格很高）时偶尔放电。这通常被称为“车辆入电网”或 V2G。

5.7.7 微电网及虚拟发电站

目前智能电网的两个重要发展是微电网和虚拟发电站（virtual power plant）。在这两种情况下，许多发电设备，可能与用电和储能一起，作为一个发电单元，目的是控制总的发电量或用电量。其主要区别在于，微电网在一个位置与电网相连，而虚拟发电站在多个位置与电网相连。然而，这些术语在某种程度上被广泛使用，例如，水电和风电设备的组合，其中一个连接点连接到电网，通常也被称为虚拟发电站。甚至微电网有时也被称为虚拟发电站。

微电网的一个具体应用是它们独立于电网运行的能力。这种应用是微电网研究的主要课题。然而，除参与大多数电力市场所需的投资外，还需要在保护和控制方面进行大量额外投资（Kroposki et al.，2008）。这样做的主要优点是增加了电网用户的可靠性。多年来，工业设施一直将公共供应中断期间的孤岛运行作为提高可靠性的一种方式。现代技术的使用带来了微电网孤岛运行的新发展，包括可再生能源、小规模热电联产、燃料电池、电池储能、用电限制和电力电子设备，世界各地都有相关的示范项目。

微电网参与市场并不需要其一定孤岛运行，此方案只有在可靠性低的地方才有利可图。在这种情况下，受控孤岛运行将为安装本地产品提供额外的优势。特别是，小型热电联产有很好的孤岛运行可能性。当发电来自太阳能或风能形式时，必须与储存和/或减少消耗相结合，以实现孤岛运行。

控制生产和消耗的不同方案类似于5.7.2小节和5.7.3小节讨论的方案。然而，微电网有更大范围的控制选择，因此机会更大。工业微电网的一个有趣例子是在日本爱知县。这个微电网包含7个燃料电池（总容量为1 400 kW）、1个钠硫电池（容量为500 kW）和300 kW的太阳能电池板。负荷包括几栋商业建筑，其中也有一个展览中心。此外，在欧洲也启动了多个微电网的示范项目。

5.7.8 智能电表及其他通信

过去，用户与电网（公用事业公司）之间的通信只通过电表进行。通过定期（或偶尔）读取电表读数，用户可收到电费账单。分时计费使得这个过程更加复杂，这可以通过给用户安装两个电表（或一个电表内安装两个计数器）的方式来解决，两个电表全天候运行。从一种计费到另一种计费的变化可以基于电表中的时钟，或者更常见的是，通过电力线通信向所有电表发送信号。然而，抄表仍然基于手动方式。事实上，世界上很大一部分电表仍然需要手动读数。

现代电子电表（智能电表）不再需要手动读数。取而代之的是，用电量通过电信通路发送给网络运营商（或单独的计量运营商）。在这里，电力线通信也是最流行的方法。毕竟，只要有电表，就有电。据报道，电力线通信也存在一些问题（Rönnberg et al.，2011），但总的来说，该方法对现有应用来说足够好。当使用更紧密的通信时，如每小时抄表，或者当许多小用户开始参与平衡市场时，仅通过电力线通信可能已不够用。替代的通信方式包括无线电连接、电话和互联网。

有几个限电计划涉及向用户发送价格信息。这些价格和/或它们在现代应用中的持有时间总是发布在网络运营商或公用事业公司的互联网页面上，也可以通过免费电话号码获得价格。对于峰值电价和峰值电价折扣方案，需要额外地警告用户。这里，电子邮件、短信和电话是常用的渠道。对于某些方案，将需在用户家中安装显示器来通知方案何时有效。

如图 5.18 所示，未来通信量将会增加很多。计量将不得不更加详细，当用户参与平衡市场或实时市场时，计量间隔将降至几分钟。此外，价格信号将不断更新，新的价格几乎必须持续可用。接下来，限电命令和请求以及直接限电命令将接踵而至。这些信息中的一些非常重要，并且有一个可靠的通信信道是非常重要的。其他信息不太重要，只要有通信信道，就可以发送。从电表传送到计量操作员的信息对时间的要求不是很高。如果这些信息是在几个小时后发送的，那就无关紧要了。价格信号对时间更敏感，延迟几分钟可能是可以接受的。当涉及日前市场的价格信息时，即使偶尔 1 h 的延迟也是可以接受的。

涉及限电命令和请求以及直接限电命令对时间要求非常高，在某些情况下，需要在几秒钟内做出反应。电力市场上的情况并非如此，因为时间尺度大约选择 1 min。但是在一些辅助服务市场上，用电和发电必须在几秒钟内进行调整。

几秒钟甚至几分钟的持续时间对现代通信来说似乎不是一个大挑战，而且在大多数时候，不会因为通信延迟而出现严重的问题。然而，在电网的紧急情况下（这种情况几年才发生一次），可能必须同时发送数百万个信号。这时，可靠的通信系统是必不可少的。最有可能的是，同样的限电和需求响应方法将不得不应用于通信系统和电网。当电网出现紧急情况时，所有可用的通信容量都将分配给电网，此时任何不太重要的通信都将被限制。电话可能有几分钟无法工作，但电网会继续存在。

目前正在开展的主要讨论是与用户通信根本不同的两种方式。一种方案是通过电表给所有通信供电，电表将成为用户与各种电力市场之间的通信网关。智能计量方面的一些发展，包括监管层面的发展，正在朝着这个方向发展。另一种方案是严格使用电表来计量用电量和发电量，而所有通信都通过家庭局域网、地方局域网、互联网和移动电话网等进行。对于第二种方案，用户驻地的每台设备都可以连接到家庭或局域网，并接收一个 IP 地址。计划还包括为每个设备提供一种电话号码，并通过移动电话网络将它们连接起来。在设备所有者需要和允许的情况下，家庭或楼宇自动化系统，以及公用微电网控制器或辅助服务提供商都可以直接与设备通信。

第6章 讨 论

本章将讨论剩余的三个问题。第一个问题（6.1 节）涉及网络运营费用的支付方式。一些利益相关者特别担心，电价机制将成为引入智能电网的障碍。我们不会深入讨论这一问题，只会介绍资费监管与网络运营商投资决策之间的一些关系。6.2 节将通过比较向小城镇提供安全送电服务的网络中的许多投资备选方案，提出从网络向消费者的转移储备问题。尽管给出了用电增长的例子，但引入新的或额外的发电也有同样的选择和理由。最后，6.3 节将对配电网、次级输电网和输电网的未来趋势提出一些个人看法。

6.1 网络运营经济学

电网运营是一种自然垄断（natural monopoly），电网用户不能选择网络运营商，网络运营商之间也没有竞争。在现代电力市场结构中，网络运营也是一种受管制的垄断，管制者阻止网络运营商利用其自然垄断。监管的一个例子是由网络运营商设定网络资费及其他收入。

6.1.1 资费监管

网络运营商的收入包括使用系统资费（通常称为网络资费）和连接费。连接费是新电网用户一次性支付的费用，用于支付网络运营商将该用户连接到电网的费用。这可能包括连接电表、修建新线路，还包括全面加强电网。网络资费通常由每个电网用户每月支付。监管可能会控制连接费用、网络资费或网络运营商的年收入总额。该法规的实施方式将决定投资决策对网络运营商收益的影响。

考虑网络运营商可以在现有技术与新技术之间进行选择，以解决电网中的某个问题。预计两者对电网都有相同的优势。新技术预计会更便宜，但同时存在技术和经济风险。新技术的成本及其优点比现有技术更不确定。

当监管机构设定资费（或资费的最大值）时，网络运营商显然会选择最便宜的解决方案。尽管风险较高，网络运营商还是会根据这种监管方式选择最便宜的解决方案。

另一种监管方式是，监管机构批准网络运营商开展投资，并根据投资和运营成本计算资费。总收入将成为投资成本加上合理的投资回报，运营成本加上合理的利润。选择便宜的解决方案不会提高网络运营商的经济性，这甚至可能降低绝对利润和投资回报。由于新技术存在高风险，网络运营商在许多情况下会选择便宜的解决方案。

假设监管机构批准投资，当新技术被认为足够成熟时，监管机构可能会决定只允许网络运营商收回新技术（更便宜）的成本，这将明显激励网络运营商选择新技术。

当由于连接新电网用户而需要投资时，情况非常相似。当连接费用仅取决于投资的实际成本时，选择更昂贵但风险更低的解决方案对网络运营商有利。当连接费用固定或最高费用足够低时，网络运营商选择更便宜但风险更高的解决方案可能更有利。以上结论是假设代表成本的电网用户在这件事上没有发言权的前提下得出的。只有当连接费用取决于投资成本时，这一点才重要。在这种情况下，电网用户可能愿意接受更高的风险，以换取更低的连接费用。基于联动跳闸和限电的解决方案就是典型的例子。

6.1.2 性能指标

监管机构可以建立其他激励措施来影响网络运营商的投资决策。额外的监管工具可用于鼓励使用新技术，因为新技术提供了一种具有性价比的替代方法。最直接的影响是强制执行某项投资，智能电表的引入在大多数国家和地区都是这样推动的，网络运营商有义务安装智能电表。或者，监管机构可以对网络运营商提出要求，这些要求只能通过使用新技术来满足。

一种常用的工具是基于激励的监管，其中网络运营商的收入取决于某些性能指标（performance indicator）的数值。可靠性指数在一些国家和地区被用于这一点：可靠性越好，网络运营商的收入就越多。这一更高的收入将来自网络资费的提高。

为了鼓励引进新技术（智能电网），目前正在讨论类似的激励性法规。这是制定 2.6 节提出的绩效指标清单的目标之一。这些指标中有三个与新的发电单元接入电网有关，讨论如下。

（1）配电网中分布式能源的消纳能力。设备消纳能力是指在不危及其他电网用户的电压质量和可靠性的情况下，可以连接到配电网的发电量。要计算额定容量，必须保证电压质量和可靠性的性能满足要求。消纳能力也可能取决于电力生产的类型。这也再次表明，明确定义消纳能力的计算方式非常重要。指标的定义或计算不正确可能会导致新技术增加实际额定容量，但不会增加指标。当消纳能力指标被用作收入驱动因素时，它不应该对电网中过多的不必要投资产生激励。该指标应该对使用成本效益高的技术给予适当的激励。

（2）输电网络中无拥塞风险下允许注入的最大功率。这个指标可以被认为是一个输电系统的消纳能力。它也可以被看成是从一个（假设的）发电单元到电网其余部分的净传输能力。无拥堵风险的条件应解释为遵守规定的运营安全规则。考虑到网络组件的实际可用性和通过网络的实际潮流，该指标可以每小时计算一次。这将产生一个数值随时间变化的指标。在预先定义的最坏情况下的潮流和预先定义的停机水平（如 N-1 准则）下，该指标也可以计算为固定值。由此计算出的数值将给出可以连接的最大发电单元规模，而不会有限电的风险。使用此指标作为收入驱动因素时，应与消纳能力一样小心。激励机制不应导致过度不必要的投资，计算指标的方法也不应使一项技术优于另一项技术。

（3）由于拥塞和/或安全风险，未从可再生能源中获取的能量。该指标量化了网络承载可再生电力生产的能力。在这个意义上，它类似于消纳能力和允许的最大功率注入等指标。但是后两个指标仅量化网络造成的实际限制，而这个指标量化超出限制的程度。这一指标的值是在以后确定的，因此与其他两个指标相比，所需的近似值和假设更少。这一计算方法与未交付能源的计算非常相似，这是一个通常用于衡量供应连续性的指标。主要假设是在削减或断开生产装置期间产生的能量。使用未提取的实际能量作为指标的另一个优点是，尤其是当作为一个收入驱动因素时，网络运营商在网络上投入巨资是没有风险的，为永远不会到来的生产能力做准备。与此相关的缺点是，在可再生能源发电到位之前，这一指标将减少投资的动力。这可能导致电网对可再生能源发电量的突然增加没有做好充分的准备。

6.2 保留方案

考虑一个简单的例子，看看同时有新技术和经典技术的设计方案是什么。假设一个小镇由两条地下电缆供电。预期的用电增长使得在不久的将来，消费高峰期间的电力供应将不再安全。两条电缆将仍然足以满足整个城镇的消耗需求，但当高峰时段有一条电缆不可用时，城镇就无法供电。下面将讨论以下方案：

（1）添加第三条电缆；

（2）网络运营商拥有本地储能或发电设备；

（3）强制参与限电；

（4）自愿参与限电；

（5）动态增容；

（6）通过时变定价的需求响应。

这里的主要问题是备用应该在电网中还是在用户侧。这个相当简单的例子所讨论的问题也同样出现在电网的许多设计案例中，从低压一直到最高输电网络等级，对于消费增长，对于可再生电力生产的增长，以及对于由于市场开放而产生的大量电力转移。规划足够的备用以覆盖即使在重要部件不可用的情况下的最高消耗量或产量，这也是电网设计的主要挑战。

典型的解决方案是建造第三条电缆。三条电缆中任意两根的总运输能力应足以满足城镇的最大用电。当城镇有些偏远时，这实际上可能是一个相当昂贵的解决方案；在人口稠密地区，获得各种许可可能是一个漫长的过程。这种解决方案的风险在于，用电的增长将快于新电缆的建造速度。只有当其他电缆在高用电量期间不可用时，这种情况才会显现出来；否则，供应将不安全，但不会有任何中断。这里还有一个经济风险，即当预期的用电增长没有出现时，投资将不必再被需要。

另一种解决方案是让配电网络运营商有储能或发电设施来弥补高峰用电。这里我们指的是网络运营商拥有和运营的发电或储能设施，而不是电网用户拥有的发电和储能设施。通常，当两条电缆都可用时，本地发电或储能设施将处于闲置状态。只有当其中一条电缆停止工作，同时出现用电峰值时，本地发电或储能设施才会接管部分供应。网络运营商对发电设备的所有权存在一些监管问题，但我们在此假设这些问题已经解决。支持所有权的论点是，产品只能用于防止电网用户的中断，而不能参与任何公开市场。当市场参与者愿意用本地发电设备提供电力时，该发电设备将优先于网络运营商所拥有的发电设备。当一组用户（通常是一小组用户）只有一条电缆或线路时，一些网络运营商会使用相关的解决方案。一旦该线路或电缆出现故障，或在维护期间，将使用发电机卡车为这些用户供电。

本地发电或储能设备的成本仍然会相当高，但是未来建造或生产这些设备的速度会更快，因为获得许可的耗时将大大缩短。许多发电机卡车可以提供非常灵活的解决方案，但比现场发电设备或储能设备可靠性稍差。

通常情况下，电缆会在用电高峰期之外出现故障。在这种情况下，可以启动本地发电机，或者发电机卡车可以开到镇上。但当故障发生在用电高峰期间时，储备必须快速可用。时间间隔与电缆的热时间常数有关。假设过载保护不会使电缆跳闸，使备用容量可用的时间将是几分钟或更长，很可能需要某种自启动或远程启动。

这里还有一个经济风险，即实际上不需要投资。当购买大量发电机卡车时，这种风险会更小。只要传输能力不足以满足高峰消耗，就可以使用这些产品。然而，其中一条电缆发生故障后，备用电缆无法按时到位的风险会更大。

这种解决方案的主要缺点是，本地发电或储能将仅在很小一部分时间内使用，并且不可能对何时使用进行任何估计。只有当两条电缆中的一条停止工作，同时出现用电峰值时，才需要本地储能或发电。这可能意味着平均每年只有几个小时。事实上，第三条电缆的建造也是如此，只要本地储能或发电比建造新电缆更便宜，这就是一个高性价比的解决方案。

在强制参与的限电方面，一些储备可以转移到消耗上，而不是投资电网（就像之前的两个解决方案一样）。两种早期解决方案的经济劣势（第三种电缆和本地储能或发电）突然成为优势。每年减少用电量的时间越少，对电网用户的影响就越小。然而，这里应该立即补充的是，地下电缆的修理时间可能相当长，几天甚至几周都很常见。最大用电量通常发生在每天的几个小时内。因此，每天需要减少几个小时，连续几天或几周，之后几年可能就没有必要减少用电。

当其中一条电缆发生故障时，网络运营商可在需要时降低消耗量，以将最大消耗量保持在额定值。这可能会以轮流中断的形式出现，但是直接限制某些设备的功率（如改变电加热的恒温器设置）可以大大减少给用户带来的不便。

这种计划的风险显然在于消费者，因为该计划是强制性的。但该计划可能不必经常启动，因此风险是有限的。

像这样的方案需要配备某种通信基础设施，在需要时对设备进行限电。它只需要一个电流测量值和一些决策逻辑，类似于过载保护通常已经到位的逻辑。主要的通信结构将是获取限功率指令至最终用户设备。智能电表和家庭自动化的未来发展在这里将变得非常重要。当合适的通信基础设施到位时，实施限电方案可能容易且快速。与在可能缺乏足够储备的情况下不得不建造新电缆或线路相比，这将提供巨大的灵活性。但是当通信基础设施必须为每个限电方案完全建立起来时，其成本可能会高于新建电缆线路。

这样的计划只能在一定程度上降低消耗。当降价幅度过大时，给顾客带来的不便会变得非常大。我们将带着这个问题开展以下论述。

自愿参与的限电结合了市场原则和网络运营商对储备的控制。参与限电计划是自愿的，但一旦用户签约，削减用电是强制性的。有了这样一个方案，网络运营商可以在任何时候对可用储备进行很好的估计。网络运营商面临的主要风险是，愿意签署削减计划的用户数量不足以满足所需的储备。将会有与先前解决方案类似的最大限电容量，超过一定程度的限电，将对电网用户造成非常大的不便。

自愿参与计划的投资成本与强制参与非常相似。对于网络运营商来说，自愿参与的运行成本会更高，因为必须给予用户某种形式的激励来签署协议，如减少网络资费。尽管成本较高，但自愿参与的方案反而更受青睐。签署协议期间，市场机制将使得只有限电影响有限的用户才会被限电。中断期间成本较高的用户或存在安全问题的用户将不会签署该计划。

另外，线路、电缆或变压器的动态容量是一种在大多数情况下允许更高运输能力的方法。架空线路获得的动态容量增益比地下电缆大得多，但会受到季节性影响，甚至土壤湿度也对其有一些影响。然而，还不能确定当用电高峰与电缆停止工作同时发生时，这种更高的传输容量是否实际可用。因此，动态容量计划更有可能与削减计划相结合。对于相同的消耗量，与固定额定功率相比，动态容量下限电的启动频率要低得多。反之，对于给定的最大限电量（如每年小时数），动态容量的最大允许用电量比固定容量值高得多。

需求响应是一个完全以市场为基础的解决方案，在这种方案中，消费者根据给定的激励决定是否减少用电。网络运营商有责任为电网用户创造足够的激励来降低用电。一旦两条线路中的一条停止运行时将出现高消耗，网络运营商将要么提高网络资费（关键峰值电价临界），要么为降低消耗而付费（临界峰值电价折扣）。网络运营商面临的风险主要是储备数量不足而导致的，尤其是当过载情况很少发生时，实际用电量的减少可能很难预测。可用储备的数量取决于价格弹性，这一点并不被广泛知道，而且很可能随着时间的推移而经常变化。5.3.7 小节给出的结果表明，在不使用直接限电或远程设置恒温器等技术的情况下，消耗量为 10%～30%，使用启用技术时，消耗量高达 50%。

在新型用电的承载容量方面，为了进一步说明电网如何适应用电量增长，下面举一个简单的例子。现有的用电峰值为 14 MW，两条电缆在过载前均可传输 15 MW。新型用电的承载容量为 1 MW（我们忽略了无功功率和损耗等细节）。当引入一个简单的限电或需求响应方案时，用电峰值可以减少 10%。最大限电后 15 MW 的最大用电量相当于限电前的 16.7 MW，即承载容量等于 2.7 MW。一个包括可实现性技术在内的更广泛的方案将导致用电峰值降低 40%，例如，减低前峰值为 25 MW，承载容量可达到 11 MW。当预期的电力消耗量增长超过 11 MW 时，第三条电缆将是首选；该解决方案的承载容量为 16 MW。为了减缓用电增长，扩大限电或需求响应计划已经到位，以便与第三条电缆结合使用。这种组合能够应对的最大用电峰值为 50 MW。

6.3 初步趋势

本书的前几章介绍了许多新技术和市场计划。在本节中，将简要概述作者预期或认为必要的一些初步趋势。这些趋势将从最低电压水平开始在电力系统的不同部分呈现。

6.3.1 配电网络

配电层面（电网中放射状或主要是径向放射状运行的部分，电压水平高达约 50 kV）的挑战是新型发电和用电的接入。在配电网的某些部分，可靠性和电压质量仍然是一个挑战。

（1）在某些情况下，加强配电网，使用更多线路、电缆和变压器是不可避免的。

（2）在生产增长强劲的地区限制发电，在消耗增长强劲的地区限制用电。限电不应是强制性的，而应基于市场原则，无论是签约还是通过需求响应。

（3）中压网络保护将越来越多地利用通信，反孤岛保护将首先利用通信。配电网中任何断路器的断开都将向所有下游发电设备发送联动跳闸信号，而不是使用电压和频率的本地测量值。用于限电的通信基础设施也可以用于此。

（4）网络运营商控制下配电网层面的储能将作为灵活的中间解决方案，用于补偿发电和用电中的快速波动。支持配电网络运营与参与批发及辅助服务市场相结合的商业模式也将出现。

（5）中压网络中的电压控制将更多地利用通信，一些本地生产单元也将参与电压控制。当连接到低压的小型发电设备导致其他最终用户设备的电压过高时，它们将跳闸或减少产量。

（6）在讨论终端用户设备的抗扰度和发射限值的同时，还将讨论对电压幅度及其他电压质量参数进行严格限制的必要性，包括新的生产和消费类型所带来的新型干扰。

（7）对中小型设备的要求将受到限制，并由设备制造商负责。

（8）可靠性和电压质量将继续得到改善，重点是可靠性较低的配电网部分。使用的解决方案将包括地下电缆、增加通信的使用，以及对结果进行自动分析的广泛监控。

6.3.2 次级输电网络

在次级输电网络中，我们指的是在较高电压水平下运行的网格状电网部分，其电压水平要低于覆盖全国的最高电压水平，相关数值约为 150 kV。这里的主要挑战是由于新型发电资源和电力市场的开放而出现的不断变化和基本上不可预测的电力潮流。

（1）将继续建设新线路或电缆，主要是连接新的风力发电站。越来越多的连接将使用地下电缆，并将通过风机变换器中的电力电子控制来抑制由电缆引起的谐波共振问题。

（2）动态线路容量将用于增加现有线路的运输能力，这将与限电计划相结合。

（3）参与限电计划将是风力发电站和次级输电网络的工业设施连接费用谈判

的一部分，现有设施将被给予激励来加入此类计划。

（4）基于电力电子的并联和串联控制器将用于控制无功潮流，并在不同路径上更均匀地分配潮流。一些电力电子设备容易运输，它们可以在几个月内被搬到另一个地方，以便提供灵活的解决方案。

（5）过载保护将不再使过载的组件跳闸，因为连锁故障的风险很高；相反，将通过限电来消除超载的原因，要么限制生产，要么限制消耗。

（6）网络中的备用容量将会减少；相反，网络运营商将依赖自动限电作为备用容量。

（7）当电力生产或消耗的增长发生在较低的电压水平时，将开发一个基础设施，以便在许多小型电网用户中传达和分配限电的请求。

6.3.3 输电网络及其系统

这里将涉及最高的电压水平和最大的发电单元，其主要挑战是大规模接入可再生能源发电和建立覆盖广大地理区域的开放电力市场。

（1）仍将修建新的输电线路，以消除现有网络中的瓶颈，并输送大量来自可再生能源的电力。400 kV 以上的电压水平将会出现或增长到足够覆盖一个大的地理区域。一些交流线路将转换成直流线路，尤其是在稳定性限制传输容量的情况下。

（2）输电网络将会越来越多地使用 HVDC 线路及其他电力电子应用。例如，正在出现的用于海底连接与同步网络之间的 HVDC 线路和网络将延伸到陆上。

（3）对于热容量设定极限的重要线路，采取动态线路容量将是常见的做法。

（4）电力系统稳定性将会被重新审视，估计稳定裕度和检测不稳定的早期阶段将变得更加容易。广泛采用监测设备及自动数据分析将为此奠定基础，而相量测量装置将起到关键作用。最终的结果将是，更小的储备余量可以用于更高的运输能力。

（5）备用容量同样将会被重新审视，储备的数量将取决于系统和天气情况。随机操作风险评估将在决定所需储备量方面发挥重要作用。部分备用容量将通过大型自动限电方案从输电网络转移到电网用户侧。参与这些计划将采取自愿原则，并基于市场原则。

（6）大量消费者将迎来小时价格，由此产生的需求响应将减少传输系统中的拥塞。最初，价格弹性的不确定性将导致平衡市场上更大的交易量，中小型电网用户通过聚合商参与平衡市场的情况也将增加。

（7）进一步完善的辅助服务市场将会出现，并支持输电系统运营商。这些市场将涉及小型和大型发电单元，还有需求响应或限电。小型发电单元和消费者将通过聚合商或零售商参与进来。

6.3.4 电网用户

只有当电网用户通过限电或各种市场机制积极参与时，这种情况才有可能发生。为此，市场与电网用户之间的通信至关重要。5.7.8 小节中提到的两个趋势在这种情况下很重要：电网与电网用户之间能够通信（如电表），以及电网与终端用户设备之间能够通信（如互联网）。一旦出现这样的通信基础设施，就可以以相对较小的额外成本引入许多上述限电和需求响应方案。这将产生一个非常灵活的电力系统，从而有效应对本书开头提到的挑战。需求响应和限电可以用来避免构建新的主要基础架构，或者在新基础架构可用之前作为临时解决方案。

允许电网用户更积极参与的新市场的引入也将导致电表在用户方面的发展，家庭自动化和储能是两个可能的发展方向。各种批发市场（日前市场、日间市场、平衡市场、未来辅助服务市场）也将出现新的参与者，如聚合商、微电网和虚拟发电站。

第7章 结　论

前4章介绍了的一系列不同的技术、方法和市场结构，以有效应对电网发展所面临的挑战。其中一些解决方案已经实现商用，但尚未得到广泛推广，其他方案仍需进一步的研究与发展。

在现有电网向未来电网（智能电网）的变革过程中，将会有来自两方面的驱动力：一方面来自挑战，另一方面来自解决方案，其中许多解决方案将引入新的挑战。在决定进一步的研发和示范项目之前，将解决方案与挑战联系起来显得非常重要。同样重要的是，要认识到哪些挑战是针对特定地点的，哪些是一般性的。

本书没有详细介绍各种解决方案的技术细节，尽管作者非常清楚围绕这些方案将会开展很多研究，并有很多新的进展。技术的进一步发展主要包括以下方面：电力电子设备的控制方法与运行技术；可靠和安全的通信基础设施和协议；允许各种设备相互通信的可互操作性标准；电价和网络资费的市场结构以及预测市场性能的经济模型；用于自动分析大量测量数据的监控技术和工具；包括随机方法在内的输电系统的运行规则；次级输电网和配电网的新设计规则，包括量化不同网络运营商承担风险的数学工具；存储技术及其在电网和电表用户侧的应用；包括维持可接受电压和电流质量的标准和法规在内的新机制、微电网和虚拟发电站等。

对于所有这些新的发展和可能性，重要的是要始终牢记最重要的驱动力——向可持续能源系统的变革。

参考文献

ABBOTT D, 2010. Keeping the energy debate clean: How do we supply the world's energy needs[C]. Proceedings of the IEEE, 98(1): 42-66.

ACHA E, AGELIDIS V G, ANAYA-LARA O, et al., 2002. Power electronic control in electrical systems[M]. Oxford: Newnes: 39.

ACKERMANN T, 2005. Wind power in power systems[M]. Chichester, West Sussex: Wiley: 11.

AEMO, 2009. Multiple generation disconnection and under frequency load shedding[R]. Australian Energy Markets Operator: 64.

ALBIZU I, FERNÁNDEZ E, MAZÓN A J, et al., 2011. Hardware and software architecture for overhead line rating monitoring[C]. IEEE Trondheim Power Tech: 40.

ANDERSON P M, 1999. Power system protection[M]. New York: IEEE Press: 65.

ARRILLAGA J, 1998. High voltage direct current transmission[M]. 2nd ed. London: The Institution of Electrical Engineers: 38.

ARRILLAGA J, LIU Y H, WATSON N R, 2007. Flexible power transmission: The HVDC options[M]. Chichester, Hoboken, NJ: Wiley: 38.

BAGGINI A, 2008. Handbook of power quality[M]. Chichester, Hoboken, NJ: Wiley: 23.

BAKKEN D E, BOSE A, HAUSER C H, et al., 2011. Smart generation and transmission with coherent, real-time data[C]. Proceeding IEEE, 99(6): 928-951.

BARLOW R E, 1998. Engineering reliability[M]. Philadelphia: Society For Industrial And Applied Mathematics: 41.

BHATTACHARYA K, BOLLEN M H J, DAALDER J E, 2001. Operation of restructured power systems[M]. Boston: Kluwer: 91.

BILLINTON R, ALLAN R N, 1996. Reliability evaluation of power systems[M]. 2nd ed. New York: Plenum Press: 41.

BOLLEN M H J, 2000. Understanding power quality: Voltage sags and interruptions[M]. New York: IEEE Press: 23, 54.

BOLLEN M H J, GU I H Y, 2006. Signal processing of power quality disturbances[M]. Piscataway, NJ: Wiley IEEE Press: 23, 80.

BOLLEN M H J, WALLIN L, OHNSTAD T, et al., 2008. On operational risk assessment in transmission systems: Weather impact and illustrative example[C]. Puerto Rico: International Proceeding Probabilistic Methods Applied to Power Systems: 43.

BOLLEN M H J, HASSAN F, 2011. Integration of distributed generation in power systems[M]. Piscataway, NJ: Wiley-IEEE Press: 11, 25, 48, 60, 61, 68, 75, 76, 80, 81, 123.

BOLLEN M H J, ETHERDEN N, 2011. Overload and overvoltage in low-voltage and medium-voltage networks due to renewable energy-some illustrative studies[M]. Manchester: Innovative Smart Grid Technologies Europe: 75.

BRAITWAITH S, 2010. Behavior modification[J]. IEEE Power and Energy Magazine, 8(3): 36-45.

BROOKS A, LU E, REICHER D, et al., 2010. Demand dispatch[J]. IEEE Power and Energy Magazine 8(3): 20-35.

CARAMIA P, CARPINELLI G, VERDE P, 2009. Power quality indices in liberalized markets[M]. Chichester, West Sussex, Hoboken, NJ: Wiley: 23.

CEER, 2008. 4th benchmarking report on quality of electricity supply//Council of European Energy Regula-tors[C]. Brussels: 23, 26.

CENELEC, 2007. Requirements for the connection of micro-generators in parallel with public low-voltage distribution networks[S]. EN 50438: 60.

CENELEC, 2010. Voltage characteristics of electricity supplied by public electricity networks[S]. EN 50160: 26.

CHOWDHURY S, CHOWDHURY S P, CROSSLEY P, 2009. Microgrids and active distribution networks[Z]. London: The Institution of Engineering and Technology: 52.

CIGRE, 2010. Voltage dip immunity of equipment and installations[R]. CIGRE Technical Brochure TB412: 26.

CORBUS D, LEW D, JORDAN G, et al., 2009. Up with wind: Studying the integration and transmission of higher levels of wind power[J]. IEEE Power and Energy Magazine, 7(6): 36-46.

DEUSE J, BOURGAIN G, 2009. Results 2004—2009, Integrating distributed energy resources into todays eletrical system[Z]. Expand DER: 52.

DIETZ B, AHLBERT K H, SCHULLER A, et al., 2011. Economic benchmark of charging strategies for battery electric vehicles[C]. Trondheim: IEEE Power Tech Conference: 133.

DRIESEN J, GREEN T, CRAENENBROECK T V, et al., 2002. The development of power quality markets[C]. IEEE Power Engineering Society: 121.

DRIESEN J, KATIRAEI F, 2008. Design for distributed energy resources[J]. IEEE Power and Energy Magazine, 6(3): 30-39.

DUGAN R C, MCGRANAGHAN M F, SANTOSO S, et al., 2003. Electric power systems quality[M].

2nd ed. New York: McGraw-Hill: 11, 23, 25.

ENDRENYI J, 1979. Reliability modelling in electric power systems[M]. New York: Wiley: 41.

ERGE G, 2010a. Position paper on smart grids, an ERGEG conclusions paper[C]. European Regulatory Group on Electricity and Gas: 30.

ERGE G, 2010b. Pilot framework guidelines on electricity grid connection[C]. European Regulatory Group on Electricity and Gas: 61.

ETHERDEN N, BOLLEN M H J, 2011. Increasing the hosting capacity of distribution networks by curtailment of renewable energy resources[C]. IEEE Trondheim Power Tech: 40.

FOX B, FLYNN D, BRYANS L, FLYNN D, et al., 2007. Wind power integration: Connection and system operational aspects[M]. London: The Institution of Engineering and Technology: 11.

FRIEDMAN T L, 2009. Hot, flat and crowded: Why the world needs a green revolution-and how we can renew our global future[M]. London: Penguin Books: 7.

GHARAVI H, GHAFURIAN R, 2011. Smart grid: The electric energy system of the future[C]. Proceeding IEEE, 99(6): 917-921.

GOLDBERG M, 2010. Measure twice, cut once[J]. IEEE Power and Energy Magazine, 8(3): 46-59.

GÖNEN T, 1986. Electric power distribution system engineering[M]. New York: McGraw-Hill: 33.

GÖNEN T, 1988. Electric power transmission system engineering: Analysis and design[M]. Boca Raton: Wiley: 33.

HAMILTON K, GULHAR N, 2010. Taking demand response to the next level[J]. IEEE Power and Energy Magazine, 8(3): 60-66.

HARA R, KITA H, TANABE T, et al., 2009. Testing the technologies-demonstration grid-connected photovoltaic projects in Japan[J]. IEEE Power and Energy Magazine, 7(3): 77-85.

HATZIARGYRIOU N, 2008. Microgrids: The key to unlock distributed energy resources? [J]. IEEE Power and Energy Magazine 6(3): 26-29.

HINGORANI N G, GYUGYI L, 2000. Understanding FACTS-concepts and technology of flexible AC transmission systems[M]. New York: IEEE Press: 39.

HOROWITZ S H, PHADKE A G, 1995. Power system relaying, research studies press[M]. Taunton: Wiley: 65.

IEC, 2008. Electromagnetic compatibility: Assessment of emission limits for distortion loads in MV and HV power systems[S]. DOI: 35.

IEC, 2009. Electromagnetic compatibility: Limits for harmonic current emissions （equipment input current≤16A per phase）[S]. DOI: 35.

IEEE, 1993. IEEE Guide for liquid-immersed transformer through-fault-current duration[S]. IEEE

Standard: 73.

IEEE, 2003a. IEEE guide for electric power distribution reliability indices[S]. IEEE Standard 1366—2003: 26.

IEEE, 2003b. Standard for interconnecting distributed resources with electric power systems[S]. IEEE Std. 1547—2003: 60.

JACOBSON M Z, DELUCCHI M A, 2009. A path to sustainable energy by 2030[J]. Scientific American, 301(5): 38-45.

JENKINS N, ALLAN R, CROSSLEY P, et al., 2000. Embedded generation[J]. The Institution of Electrical Engineers: 11.

JOHNSON G, 2009. Plugging into the sun[J]. National Geographic, 216(3): 28-53.

KAKU M, 2011. Physics of the future[M]. New York: Doubleday Books: 7.

KAZEROONI A K, MULATE J, PERRY M, et al., 2011. Dynamic thermal rating applications to facilitate wind energy integration[C]. IEEE Trondheim Power Tech: 19-23.

KILICCOTE S, PIETTE M A, DUDLEY J H, 2009. Northwest open automated demand response technology demonstration project[Z]. Ernest Orlando Lawrance Berkeley National Laboraort, Environmental Energy Technologies Division: 108.

KIMBARK E W, 1971. Direct current transmission[M]. New York: Wiley-Interscience: 38.

KROPOSKI B, LASSETER R, ISE T, et al., 2008. Making microgrids work[J]. IEEE Power and Energy Magazine, 6(3): 41-53.

KUNDUR P, 1994. Power system control and stability[M]. New York: McGraw-Hill: 41.

LARSSON E O A, BOLLEN M H J, WAHLBERG M G, et al., 2010. Measurements of high-frequency (2—150 kHz) distortion in low-voltage networks[J]. IEEE Transactions on Power Delivery, 25(3): 1749-1757.

LUI T J, STIRLING W, MARCY H O, 2010. Get smart[J]. IEEE Power and Energy Magazine, 8(3): 66-78.

LUND P, 2008. Cell controller pilot project: Intelligent mobilization of distributed power generation[C]. Nice: 3rd Int Conf on Integration of Renewable and Distributed Energy Resources: 53.

MACKAY D J C, 2009. Sustainable energy-without the hot air[M]. Cambridge: UIT Cambridge Limited: 7.

MARTENSEN N, LUND P, MATHEW N, 2011. The cell controller pilot project: From surviving system black-out to market support[C]. Frankfurt: 21st International Conference on Electricity Distribution: 53.

MASSEE P, RIJANTO H, 1995. The optimum adjustment of motor protection relays in an industrial complex[J]. Microelectronics and Reliability, 35(9-10): 1245-1256.

PADIYAR K R, 2011. HVDC power transmission systems[M]. New York: Kent: New Academic Science: 38.

PRATT R, 2008. Scalable demand response networks: Results and implications of the Olympic Peninsula Grid Wise demonstration[C]. 3rd Int Conf on Integration of Renewable and Distributed Energy Resources: 116.

RÖNNBERG S K, BOLLEN M H J, WAHLBERG M, 2011. Interaction between narrowband power-line communication and end-user equipment[J]. IEEE Transactions on Power Delivery 26(3): 2034-2039.

SæLE H, GRANDE O S, 2011. Demand response from household customers: Experiences from a pilot study in Norway[J]. IEEE Transactions on Smart Grids, 2(1): 90-97.

SCHLABBACH J, BLUME D, STEPHANBLOME T, 2001. Voltage quality in electrical power systems[M]. London: The Institution of Electrical Engineers: 23.

SMITH J C, PARSONS B, 2007. What does 20 percent look like? Developments on wind technology and systems [J]. IEEE Power and Energy Magazine, 5(6): 22-33.

SONG Y H, JONES A T, 1999. Flexible ac transmission systems (FACTS)[J]. The Institution of Electrical London, Engineers: 39.

THORP J S, ADAMIAK M, BANERJEE H N, et al., 1993. Feasibility of adaptive protection and control[J]. IEEE Transactions on Power, 8(3): 975- 983.

UNGAR E, FELL K, 2010. Plug in turn on and load up[J]. IEEE Power and Energy Magazine, 8(3): 30-35.

VERHAEGEN K, MEEUS L, BELMANS R, 2006. Development of balancing in the internal electricity market in Europe[C]. European Wind Energy Conference.

WANGENSTEEN I, 2007. Power system economics: The Nordic electricity market[M]. Trondheim: Trond- heim Tapir Academic Press: 91.

YANG K, BOLLEN M H J, WAHLBERG M, 2011. A comparison study of harmonic emission measurements in four windparks[C]. IEEE Power Engineering Society General Meeting: 24-28.

YANG X D, LI G Y, ZHOU M, 2006. Optimal allocation of electromagnetic pollution emission rights in power quality markets[C]. International Conference Power System Technology: 22-26.

索引